수학의 매력

学数学会上瘾 BY 李有华

ISBN 9787111729143
This is an authorized translation from the SIMPLIFIED CHINESE language edition
entitled 《学数学会上瘾》published by China Machine Press Co.,Ltd. through Beijing
United Glory Culture & Media Co., Ltd., arrangement with EntersKorea Co.,Ltd.

세상의 모든 x값을 찾아 떠나는 여행

수학의 매력

글 **리여우화** | 그림 **야오화** | 옮김 **김지혜**

미디어숲

왜 수학 공부는 어렵고 잘하기가 힘든 걸까요? 아무래도 이런 생각이 든다면 수학 공부의 문턱에 아직 발을 들여놓지 못했기 때문이라고 생각합니다. 실제로 수학은 다양한 학문과 관련되어 있기 때문에 생활 속 어디에서나 수학을 발견할 수 있습니다. 수학의 본질을 진정으로 이해하고 모든 것을 수학적 사고방식으로 생각하는 법을 배운다면, 수학의 원래 모습이 무척이나 단순하고 간단한 것임을 알게 될 것이라고 믿습니다. 게다가 수학 공부는 중독성이 있습니다. 이 책을 따라 선사시대부터 인공지능 시대까지 천년을 뛰어넘는 수학의 매력 넘치는 여정을 함께 시작해 봅시다.

UCLA 수학과 종신 교수인 저는 저자가 운영하는 수학 팟캐스트의 열렬한 팬입니다. 비록 우리는 일면식도 없지만, 저는 항상 제자와 친구, 동료들에게 이 프로그램을 추천해왔습니다. 팟캐스트의 내용을 책으로 정리한다는 소식과 더불어 독자들에게 제가 느낀 점을 공유할 수 있어 매우 기쁘게 생각합니다.

저는 어릴 때부터 쾨니히스베르크 7개 다리 문제, 가우스가 원을 17등분한 에피소드 등 수학 이야기에 관심이 많았습니다. 학년이 올라갈수록 점차 수학 문제에 더 깊이 빠져들며 흥미를 느끼기 시작했지요. '가우스가 어떻게 원을 17등분 할 수 있었는지, 그렇다면 왜 원을 7등분하는 것은 불가능한지, 그리고 어떤 수로 원을 등분할 수 있는지….' 전문가로서 이런 문제에 관한 수학적 지식은 대다수 일반 작가는 소화하기 힘들다는 것을 잘 알고 있습니다. 그래서 오랫동안 저는 골드바흐 추측과 페르마의 대정리에 대한 소개와 같이 겉보기에는 재미있지만, 깊이가 부족한 수학의 일반적인 이야기로만 접할 수 있었습니다. 그러다 몇 년 전, 우연히 저자의 프로그램을 접하고서야 이것이 바로 내가 청소년기 내내 알고 싶어 했던 수학 프로그램이라는 것을 깨달았습니다.

이 프로그램에서 저자는 항상 이해하기 쉬운 간단한 문제에서 시작해 관련된 수학 분야의 역사 발전에 대한 회고로 점차적으로 전개해 나갑니다. 아울러 최근 몇 년간의 최신 연구 성과 소개에까지 이르지요. 이는 무척 감개무량한 일로 아마추어 수학 애호가인 저에게 높은 전문적 소양을 기를 수 있게 해주었습니다. 복잡한 수학 과학 지식을 깊이 있게 설명할 수 있다는 것이 놀라울 따름입니다.

또한 이 책은 청소년들의 성장에 도움이 될 뿐만 아니라 수학 분야의 오묘함을 탐구하도록 이끌어줄 것입니다. 재미있고 간단한 수학 문제와 이야기는 학생들의 호기심을 자극하고, 명확하고 자연스러운 논리 분석은 청소년의 사고력 확대에 도움을 줍니다. 아울러 깊이 있고 신비로운 수학적 결론은 일반인들의 시야도 넓힐 수 있으며, 전문직 종사자에게도 많은 생각을 하게 합니다.

이 책에서 특히 좋았던 부분은 챕터의 구체적인 설명입니다. 저자가 선택한 주제는 매우 흥미롭고 간단하며 이해하기 쉬워 학생들이 관심을 가질 수 있습니다. 예를 들어 2장 '3차원에서의 조화로운 비율', 3장 '정다면체 위의 세계일주 문제', 4장 '상자에 공을 담는 방법' 등에 관한 문제는 매우 흥미롭습니다. 또한 1장의 '확실에서 불확실성(난수를 어떻게 또 계산해서 생성하는지)', 4장 '8차원 공간에 담을 쌓기 좋은 방법' 등은 중·고등학생들이 이해하기 쉽고 흥미를 가질 수 있는 문제들입니다.

저자는 재미있는 문제를 언급한 후 질문을 던지며, 독자들 특히 청소년들이 분석에 참여하도록 유도함으로써 자연스럽게 이 문제의 발전 역사를 보여주기도 합니다. 예를 들면, 정다면체 위의 세계일주와 같이 먼저 독자와 함께 정사면체와 정팔면체의 기본적인 문제를 토론하며 측지선의 개념을 도입하고, 이어서 입체도형을 2차원으로 전개하는 것이 문제 풀이의 주요 사고방식이므로 독자들에게 정십이면체 문제의 어려움을 깨닫게 합니다. 마지막으로 저자는 책 끝부분에 이 문제가 2018년에 최종 해답을 얻었다고 언급하는데 이런 전개 방식은 청소년들에게 훌륭한 수학적 사고 여행이 될 수 있습니다. 또한 '상자에 공을 담는 방법'과 같이 단순해 보이는 공 쌓기 문제는 사실 매우 오래되고 최근에 와서야 엄격하게 증명된 문제입니다.

이 책에서 저자는 케플러의 문제 제기부터 가우스의 부분적 해답, 근대의 컴퓨터 보조 증명, 그리고 이후 사람들이 11년에 걸쳐 컴퓨터를 통해 이를 검증하는 과정을 상세히 설명합니다. 우리는 박물관에서 전시품을 둘러보는 것처럼, 10페이지의 짧은 글에서 이 문제의 400년 발전 과정을 음미할 수 있습니다.

이 외에도 쉽게 해석한 수학의 개념은 일반인들의 이해를 돕습니다. 예를 들어 '8차원 공간에 담을 쌓기 좋은 방법'에서 저자는 1990년대에 제안된 '켈러 그래프$^{Keller\ graph}$의 작동 원리'를 알기 쉬운 언어와 그래프로 잘 설명하였으며, 또한 단순군 분류나 매듭 이론에 관심이 있는 독자들도 이 책을 놓칠 수 없게 만듭니다. 저 또한 이 책에서 흥미로운 군론 지식과 이야기를 많이 사용했습니다.

저는 저자의 수학 문화 홍보에 매우 큰 감사함을 느끼곤 합니다. 그는 자신의 경험을 통해 수학자들이 수학을 만들어내는 방식, 수학의 아름다움, 그리고 기묘한 점을 독자들에게 소개합니다. 이러한 보급은 여러분에게 수학이 결코 지루한 과목이 아니라 창의성과 재미, 도전성으로 가득 차 있다는 인식을 심어 줄 수 있습니다. 이러한 태도와 사고방식이 그들을 수학의 세계로 안내해 그 안에 있는 매력과 무한한 가능성을 발견하도록 영감을 줄 수 있다고 확신합니다. 그러므로 이 책의 출간이 매우 기쁘고 저자에게 진심으로 경의를 표하며, 수학 보급에 기여한 공로에 감사드립니다.

끝으로 이 책을 통해 많은 사람이 수학을 사랑하고 수학의 매력을 발견하며, 수학이 줄 수 있는 지혜와 즐거움을 깊이 느낄 수 있기를 바랍니다.

UCLA 수학과 교수 **인류**

'정말로 만물은 수일까?'

2500년 전 고대 그리스의 수학자 피타고라스는 '만물은 수이다'라고 했다. 수천 년이 지났는데도 그의 이 말은 옳을까? 수數 개념이 그때보다 훨씬 확장되었지만, 그의 말은 더욱 정확해 보인다는 게 나의 대답이다.

매일 아침 일어나서 핸드폰을 켜고 뉴스를 보는 당신은 바로 '숫자'이다. 뉴스 어플은 나를 대표하는 숫자에 따라 콘텐츠를 선택해 내게 알려준다. 냉장고를 열고 아침 식사를 하면 내가 먹은 음식들에 포함된 열량 값도 모두 숫자이며, 이 열량 숫자가 체중계에 숫자로 나타난다. 출근할 때 타는 버스도 숫자이다. 버스는 항상 자신의 위치를 디지털 형태로 배차센터에 보내 모니터링과 배차를 할 수 있도록 한다. 버스에도 카메라가 있어 객차 내 상황을 기록해 하드디스크에 디지털 형태로 저장되므로 버스의 시스템도 디지털, 즉 '숫자'이다. 결국 매일의 순간은 무수히 많은 숫자로 기록된다.

회사에 도착해서 컴퓨터를 켜면 숫자는 더 많아진다. 아마도 당신이 하루 종일 가장 많이 상대하는 것도 숫자일 것이다. 만약 건축 현장에서 일을 하는 상황이라면 숫자에서 벗어나긴 더 힘들 수 있다. 모든 건축물을 도면에 표현하여 건물의 구조가 합리적인지, 건자재를 얼마나 써야 하는지, 공사 기간은 얼마나 되는지 모두 숫자로 계산해 낸다.

택배기사라면 택배마다 숫자가 붙고, 택배 노선 내비게이션도 숫자에 의존한다. 만약 당신이 영업사원이라면 모든 거래도 숫자이다. 결국 개개인의 실적과 임금도 숫자다. 저녁에 집에 돌아와서 음악을 듣고, 게임을 하고, 스트리밍을 보고, 이런 내용의 본질도 모두 숫자이다. 현대인의 생활에서는 언제 어디서나 '숫자'이다.

그리고 인공지능 분야의 과학 기술 진전은 다른 분야에서 디지털과 수학이 중요한 역할을 하고 있음을 더욱 입증한다. 일례로 영국의 딥마인드^{DeepMind}는 단백질 구조를 예측할 수 있는 인공지능 소프트웨어 알파폴드^{AlphaFold}를 개발했다. 보도 자료에 따르면, 알파폴드는 인간의 단백질 구조의 예측 범위를 98.5%까지 끌어올렸으며, 그중 58%의 아미노산 구조에 대한 신뢰할 수 있는 예측과, 36%의 아미노산 구조에 대한 높은 신뢰도를 달성했다.

이 소프트웨어는 의심할 여지 없이 생물 의약 분야의 큰 기술적 돌파구이며 뉴스의 일부 용어, 예를 들어 '신뢰할 수 있는 예측' 및 '신뢰도'는 수학의 역할을 드러낸다.

또 다른 예는 이미 많은 인공지능 도구들이 문자 묘사에 따라 자동으로 그림을 생성할 수 있는 인공지능 회화 분야에서 나타난다. 예를 들어, 다음은 OpenAI사의 DALL·E2가 그린 "테디베어가 미친 과학자처럼 거품을 내는 화학물질을 섞는 1990년대 만화 영화 스타일"이라고 묘사한 그림이다. 그림 자체가 완벽하지는 않지만, 인공지능의 '창작'이라는 점을 감안하면 신기하지 않은가?

『이토록 재미있는 수학이라니』가 출간된 지 벌써 3년이 지났다. 3년 동안 끊임없이 새로운 과학 기술 발전의 돌파구가 있었고, 이러한 돌파구에는 많든 적든 수학적인 역할이 있었다.

OpenAI사의 DALL·E2가 그린 그림, "테디베어가 미친 과학자처럼 거품을 내는 화학물질을 섞는 1990년대 만화영화 스타일"의 그림 주문 결과물

나는 이 책이 독자들에게 더 많은 재미있는 수학 지식을 제공하고 수학을 더 좋아하게 되기를 바라며, 앞으로 나의 독자들 중 몇몇은 뛰어난 전문 수학자가 될 수 있을 것이라고 믿는다. 이것은 나에게 가장 큰 보람이 될 것이다!

저자 리이우화

제1장

만물은 수이다

'혼돈' 속의 질서

수학에서 상수를 언급할 때, 대표적으로 e와 π가 많이 언급된다. 수학에는 이외에도 놀라운 성질을 가진 상수가 많이 있는데, 그중 하나인 파이겐바움 상수Faigenbaum constant(정확히 말하면, 파이겐바움 상수는 각각 '파이겐바움 제1상수'와 '파이겐바움 제2상수'라고 불리는 두 개의 상수가 있다. 이 책에서는 전자를 언급한다)를 소개해 보려한다. 이 상수는 발견자인 미국 수학자 미첼 파이겐바움Mitchell Jay Feigenbaum의 이름을 딴 것이다.

미첼 파이겐바움

파이겐바움 상수를 이해하려면 생물학적 개체군 수의 변동 모델을 이해하는 것부터 시작해야 한다. 오래전부터 과학자들은 생물학적 개체군 수의 변동 문제에 매우 큰 관심을 가졌다. 인류 그 자체도 일종의 생물학적 개체군인데, 인류의 미래 인구수가 증가할지 감소할지, 어떻게 변동될 것인지는 매우 중요한 문제이다. 1845년 벨기에의 수학자 피에르 프랑수아 베르휠스트[Pierre F. Verhulst](1804~1849)는 다음과 같은 인구 변동 모델을 제안했다.

지구 또는 특정 지역에서, 비교적 폐쇄적인 생물 군집에 이상적인 인구수가 존재한다고 가정하고, 이를 '유지 가능한 인구수'라고 한다. 일단 인구가 이 수를 초과하면 자원의 부족과 긴장으로 인해 인구가 감소해야 한다. 만약 인구가 이 유지 가능한 인구수보다 적다면, 자원이 충분하기 때문에 인구가 증가할 것이다.

그 밖에도 인구 변화는 평균 출산율이나 번식률과도 관련이 있다. 따라서 베르휠스트는 '현재 인구수/유지 가능한 인구수'의 비율을 x, 번식률을 r로 하여 공식을 하나 제시하였다.

$$\frac{\mathrm{d}x}{\mathrm{d}t} = rx(1-x)$$

여기서 t는 시간을 나타내므로 $\frac{\mathrm{d}x}{\mathrm{d}t}$는 시간에 따른 x의 변화량이다. 만약 현재 인구수가 유지 가능한 인구수를 초과한다면, x는 1보다 클 것이고, 위의 공식에서 우변의 값이 0보다 작아진다는 것을 알 수 있는데, 이는 곧 인구가 점차 감소함을 의미한다. 만약 x가 1보다 작은 상황이라면 인구는 점차 증가한다.

위의 모형은 보기에 일리가 있는 것 같지만, 우리는 이 모형이 생물학적으로 유용한지의 여부에는 관심이 없다. 단지 이런 모형이 있다는 것만 알면 된다.

베르휠스트는 위의 인구 변동 모델 공식을 '로지스틱 맵^{Logistic} ^{Map}'이라고 명명했다. 필자가 'Logistic Map' 명칭의 내력을 확인한 결과, 이 단어는 영어표현과는 무관한 것으로 'Logistic'은 불어 'Logistique'에서 유래하였다고 한다. 베르휠스트는 벨기에 사람으로 벨기에는 불어가 모국어이다. 불어에서 'Logistique' 또한 고대 그리스 단어에 그 뿌리를 두고 있으며, 불어에서 'Logistique'는 '거주, 숙박'이라는 의미로 영어에서 'lodging'의 어원과 일치한다.

'Logistic'이 '거주, 숙박'과 관련이 있는 만큼 나는 '로지스틱 맵 $^{Logistic\ Map}$'을 '생존 공간 사상'으로 이해하려고 한다. 좀 이상한 해석처럼 들릴 수도 있겠지만, 이 단어의 내력을 고증해 보면 이 함수의 의미를 이해하는 데 도움을 줄 수 있을 것이다.

수학자 파이겐바움에 대해서도 간단히 알아보자.

파이겐바움은 1944년 미국 필라델피아에서 폴란드와 우크라이나 출신 유대인 이민자 가정에서 태어났다. 소년 시절의 파이겐바움은 전기공학에 관심이 많아 전기공학자가 되기를 희망했기에 뉴욕시립대학교 전기공학과에 진학하게 되었다. 그러나 그는 나중에 라디오를 만드는 데 사용된 물리적 지식이 물리 이론의 아주 작은 일부분에 불과하다는 것을 알게 되었다.

이에 따라 파이겐바움은 뉴욕시립대를 졸업한 뒤 MIT에 입학해 1970년, 26세의 나이로 물리학 박사 학위를 취득하였다. 이후 1974년 로스앨러모스 실험실의 전임 연구원이 되었는데, 당시 그의 연구 분야는 유체 중의 난류 현상이었다. 비록 완전한 난류 이론은 아직 확립되지 않았지만, 이 분야의 연구는 그로 하여금 당시만 해도 신흥 연구 분야에 속했던 '혼돈 사상Chaotic Map' 이론을 접하게 했다.

앞서 언급한 '로지스틱 맵'은 '혼돈 사상'의 한 종류로써, 파이겐바움은 로지스틱 맵에서 번식률 r을 고정하고 서로 다른 x를 반복적으로 취하며, 지난 계산 결과를 다음 매개변수로 계산하면 최종 결과가 어떻게 되는지 고민하기 시작했다.

x가 0이 되면 종이 멸종되는 상황일까? 아니면 어떤 순환 상태가 나타날까?

이 문제에 대해서는 현재 개인용 컴퓨터로도 쉽게 프로그램을 작성할 수 있으며, 각종 가능한 매개변수에 대해 빠르게 시뮬레이션을 진행할 수 있다. 그러나 1970년대에 컴퓨터는 매우 비쌌다. 그래서 파이겐바움은 당시 유행했던 HP-65 계산기를 구해 수동으로 로지스틱 맵 시뮬레이션을 시작했다.

매끄러운 물줄기는 장애물을 만나면 특별하고도 불규칙한 형태를 띠며, 때로는 소용돌이를 만들기도 하는데, 이것이 바로 '난류 이론'에서 연구해야 할 문제이다.

1970년대에 세상에 나온 HP-65 계산기

만약 수중에 계산기를 가지고 있다면, 이 책의 내용에 따라 계산 과정을 확인해 봐도 좋다.

서로 다른 r값에 대하여 $rx(1-x)$의 값을 반복한 후 최종적으로 나타나는 값을 보자.

우선 번식률 매개변수 r의 값을 0.6으로 한다. x의 초깃값은 현재 인구수를 유지 가능한 인구수로 나눈 비율이다. 이 값은 어떠한 값도 취할 수 있다. 다행히 파이겐바움이 이미 계산을 했기 때문에 최종 결론을 안다. 대부분의 r에 대하여, x의 초깃값은 그렇게 중요하지 않고 결국 어떤 안정적인 상황으로 돌아간다. 따라서 초깃값을 0.5로 하면 결과를 빨리 확인할 수 있다.

$r=0.6$, $x=0.5$를 대입하면,
$rx(1-x)=0.6 \times 0.5 \times (1-0.5)=0.15$

위의 계산 결과인 0.15를 공식에 다시 대입하면,
$0.6 \times 0.15 \times (1-0.15)=0.0765$

0.0765라는 값을 새롭게 얻은 후 이 값을 다시 x로 하여 공식에 대입하는 과정을 반복한다.

계산기를 사용한 실험에서 'ANS' 키의 기능을 잘 사용하면 반복 계산을 빠르게 할 수 있다.

끊임없이 반복 계산한 후에, 계산기의 지수 저장 상한을 초과할 때까지 계산 결과가 점점 작아진다는 것을 알게 될 것이고, 계산기는 결국 0을 나타낼 것이다.

따라서 번식률이 0.6일 때 개체군은 결국 소멸한다는 것을 알 수 있다. 그러나 이는 번식률이 0.6인 상황일 뿐, 파이겐바움은 매우 많은 r값과 서로 다른 초깃값 x의 조합을 시도했고, 결국 놀라운 발견을 하게 되었다.

첫째, 번식률이 0과 1 사이일 때 개체군 수는 결국 0이 되는 경향이 있다. 이것은 번식률이 너무 낮기 때문에 직관에 부합한다.

번식률이 1과 2 사이일 때 종은 멸종되지 않고 초깃값에 의존하지 않으며, $\dfrac{r-1}{r}$의 값에서 안정화된다. 예를 들어 $r=1.5$일 때, x는 $\dfrac{1}{3}$로 안정되는데, 즉 개체군 수는 특정값으로 수렴한다. 이

점은 각자 계산기로 스스로 검증해 보기를 바란다.

번식률이 2와 3 사이일 때도 x는 결국 $\dfrac{r-1}{r}$에서 안정화되지만, 특히 $r=3$일 때 특정 값으로 수렴하기 전에 함숫값이 수렴값의 위아래로 오랫동안 흔들린다. 엄청나게 많은 횟수로 계산기를 눌러야 한다는 이야기다. 나도 직접 시도해 봤는데 $r=3$일 때 이론적으로 함수는 $\dfrac{3-1}{3}=\dfrac{2}{3}$에 안정되어야 하지만, 손가락이 시릴 때까지 계산기를 수백 번 눌렀음에도 불구하고 여전히 이 값에서 안정되지 않았다. 숫자가 $\dfrac{2}{3}$에 가까워지지만 매우 느리게 수렴한다. r이 [1, 2]와 [2, 3]의 범위 내에서 함수의 수렴 상황은 동일하지만, 수렴 속도는 매우 큰 차이가 난다.

번식률이 3과 3.44949 사이일 때, 거의 모든 초깃값 x에 대한 함수를 최종적으로 두 값 사이의 진동 상태로 안정화시켜 'A-B-A-B ….'와 같이 나타낼 수 있다. A, B값은 번식률과 관련이 있다.

번식률이 3.44949와 3.54409 사이일 때 최종 결과는 네 지점에서 진동을 보였다.

번식률이 3.54409와 3.56695 사이 같이 좁은 범위 내에 있을 때는 함숫값이 8개, 16개, 32개 등 2^n가지 값 사이에서 앞뒤로 흔들린다는 것을 추측할 수 있다.

r이 약 3.56695일 때 함수는 혼돈의 시작점에 들어간다. 초깃값과 상관없이 함수가 한정된 몇몇 숫자에 최종적으로 안착하는

것을 관찰할 수 없다. 그리고 미미한 초깃값 변화는 함숫값의 변화 패턴을 완전히 다르게 만들 수 있다.

$r > 3.56695$일 때 상황은 비슷하며 거의 혼돈 영역이다. 그런데 신기하게도 혼돈 속에서 여전히 $1+\sqrt{8}$ 부근처럼 그다지 혼돈되지 않은 구역들이 있다. r이 이 값 근처에 있을 때 함수는 다시 주기적인 진동을 나타내며 세 개의 수치 사이에서 진동한다. $1+\sqrt{8}$ 부근의 이 범위는 현재 '안정섬stable island'이라고 불리는데, 이는 혼돈의 영역에서 비교적 안정된 '섬'이기 때문이다.

이상, 대략 소개한 바와 같이 서로 다른 번식률 r값에서 '로지스틱 맵'이 반복된 후 최종적으로 나타나는 결과는 다음과 같다.

매우 규칙적으로 1개의 값으로 수렴하는 것에서 시작하여, 점차 2개, 4개, 8개의 값 사이에서 앞뒤로 흔들리는 등 혼돈의 상태에 놓인다. 혼돈 뒤에 또 신기한 '안정섬'이 하나씩 나타났다. 말하기는 쉽지만, 계산기에 이런 결과들을 눌러내려면 끈기가 필요할 뿐만 아니라 강한 관찰력과 상상력이 필요하다. 파이겐바움은 이 결과들이 도대체 무슨 의미가 있다고 생각했을까? 좀 더 직관적인 방법으로 구현할 수 있을까?

파이겐바움은 좌표 평면에 위의 결과를 '가시화'할 수 있다고 생각했다. 이는 바로 유명한 '분기 다이어그램Bifurcation diagram'이다. 이 그래프는 가로축이 번식률 r이고 세로축이 x이며, 어떤 r에 대해 최종적으로 x가 어떤 값에서 안정되면, 대응하는 (r, x) 위치에 점을 찍는다. 만약 두 개의 값 a, b 사이에서 흔들린다면, 그래프에서 (r, a)와 (r, b)의 두 점을 색칠하여 차례로 유추한다. 전체 그래프에서 만약 어떤 구역의 점이 비교적 많고 색이 진하다면, x는 아주 많은 값 사이에서 흔들리거나 혼돈 영역에 있다는 뜻이다. 그리고 색이 비교적 옅은 영역은 비교적 규칙적이고 혼돈 영역이 아니다.

따라서 이 그래프에서 $r = 3$ 이후 3.44949 위치에서 4개의 분기 등으로 나뉘는 두 값 사이에서 흔들리기 시작한다는 것을 명확하게 볼 수 있다. 오른쪽의 어두운 색 영역 중 좁고 옅은 색 영역이 '안정섬'이다.

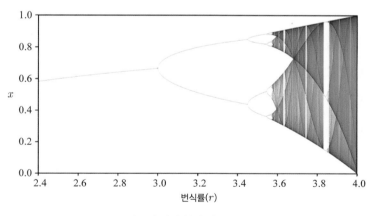

로지스틱 맵의 분기 다이어그램

이 그림은 매우 직관적이다. 파이겐바움은 또한 그래프에서 갈라지는 위치, 즉 1개에서 2개로, 2개에서 4개로, 4개에서 8개로 나뉘는 주기가 규칙적이라는 것을 관찰했다. 이 규칙은 처음 두 번의 분기 사이의 거리를 이후 두 번의 분기 사이의 거리로 나눈 비율로 극한값은 4.6692⋯이다.

$$\delta = \lim_{n \to \infty} \frac{a_{n-1} - a_{n-2}}{a_n - a_{n-1}} = 4.669201609\cdots$$

위 식은 '파이겐바움 제1상수'의 정의이며, a_n은 n번째 분기가 발생한 위치의 가로축의 값이다. 그리고 4.6692⋯이 바로 파이겐바움 상수이다. 1975년, 파이겐바움은 이 상수를 발견하였으며 1986년에 울프 물리학상을 수상했다. 이후에도 파이겐바움은 다양한 수학과 물리 분야에 기여했다.

하지만 파이겐바움 상수가 발견된 지 거의 50년이 되었지만, 그것의 많은 성질은 여전히 불분명하다. 예를 들어, 파이겐바움 상수가 초월수일 것으로 추측되지만, 아직까지 무리수임을 입증하지 못하고 있다.

한편, 파이겐바움 상수를 알려진 상수로 표현할 수 있는지 여부를 조사한 바 있다.

파이겐바움 상수에 매우 흥미롭고 신비로운 근삿값이 있다.

$$\pi + \tan^{-1} e^{\pi} = 4.6690201932\cdots$$

이 값은 소수점 아래 여섯 자리까지 파이겐바움 상수와 비슷하지만 안타깝게도 정확하게 일치하지는 않는다.

파이겐바움 상수는 로지스틱 맵에서만 나타나는 것이 아니다. 수학자는 복소 평면에서 x^2+c, $c \cdot \sin x$(c는 상수)와 같은 함수를 연구했다. 이러한 2차원 평면에서의 함수도 서로 다른 c값에 따라 규칙적인 진동에서 혼돈으로 변하는 현상이 나타날 수 있다. 또한 이러한 함수의 분기 그래프에서도 파이겐바움 상수가 관찰되어 혼돈 현상에서 파이겐바움 상수의 보편적인 역할을 증명하므로 그만큼 이 상수의 중요성이 강조된다.

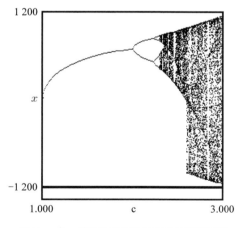

x에서 $cx(1-x^2)$로의 함수에서 분기 다이어그램

지금까지 파이겐바움 상수의 기원을 간략하게 소개했는데, 이

는 실제로 계산기를 눌러서 나온 상수이다. 파이겐바움은 계산기를 반복해서 누르고 출력된 결과를 관찰하는 과정에서 결과를 좌표평면에 그리는 영감을 받았다고 말한 바 있다. 지금처럼 컴퓨터를 사용해서 한 번에 엄청난 양의 데이터를 얻을 수 있었다면 오히려 그는 데이터의 바다에서 길을 잃고 그 안의 법칙을 찾을 수 없었을지도 모른다. 이것은 확실히 드문 '저기술'이 가져 온 발견이다.

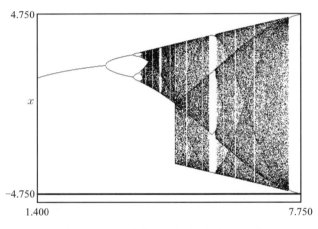

x에서 $c \cdot \sin x$로의 함수에서 c분기 다이어그램

혼돈 영역의 문제는 수학에서 신비롭고 흥미로운 영역으로, 여전히 끝없는 비밀이 인간의 탐구를 기다리고 있다.

고사성어를 수학으로 해석할 수 있을까?

수학을 좋아하는 사람에게 어떤 일이 일어날 가능성과 정보의 진실성을 판단하는 문제에 있어서 매우 유용하게 여겨지는 베이즈 정리가 있다. 고사성어 '삼인성호三人成虎'는 베이즈 정리로 설명할 수 있으므로 우선 이 고사성어에 대해 생각해 보자.

'삼인성호'는 『전국책戰國策』과 『한비자韓非子』에 언급된 고사성어이다.

전국시대 위나라의 대신인 방총龐蔥이 태자를 수행하여 조나라에 인질로 갔다. 출발하기 전에 방총은 왕에게 "지금 어떤 사람이 거리에 호랑이가 나타났다고 하면 대왕께선 믿으십니까?"라고 묻자, 왕은 "나는 믿지 않는다"고 대답했다. 방총은 또 "두 사람이 거리에 호랑이가 나타났다고 하면 대왕께선 믿으시겠습니까?"라고 물었다. 왕은 "확인할 필요가 있다"고 했다. 방총은 이어 또 "세 사람이 거리에 호랑이가 있다고 하면 대왕께선 믿으시겠습니까?"라고 말했다. 왕은 "당연히 믿겠다"고 답했다. 방총은 "분명한 것은 시장에는 호랑이가 전혀 나타나지 않았지만, 세 사람의 말을 통해 시장에는 정말 호랑이가 있는 것 같습니다"라고 말했다. 그리고 그는 "지금의 조나라 도성 한단邯鄲과 위나라 도성 대량大梁의 거리는 왕궁보다 훨씬 멀고, 저를 모함하는 사람은 세 사람만이 아니니, 대왕께서 각별히 살펴봐 주시기를 바랍니다"라고 하였다. 이에 위왕은 "이는 내가 잘 알고 있으니 안심하고 가라"고 전했다.

역시나 방총이 태자를 모시고 떠나자마자 누군가가 왕에게 방총을 모함했다. 처음에 왕은 방총을 위해 변명할 줄 알았는데, 그를 모함하는 사람이 많아지자 왕은 뜻밖에도 이를 진실로 믿게 되었다. 이후 방총과 태자가 위나라로 돌아왔지만, 왕은 다시 그를 부르지 않았다.

한 사람이 거리에 호랑이가 있다고 말하면 믿지 않겠지만, 세 사람이 호랑이가 있다고 말하면 곧 믿게 된다.

'삼인성호', 이 고사성어는 헛소문을 퍼뜨리는 사람이 많아지면 곧 사람들이 이를 믿게 된다는 것을 설명한다. 여러분은 세 사람이 "거리에 호랑이가 있다"고 말할 때, 그들의 말을 믿을 수 있을까?

수학에서 조건부 확률과 베이즈 정리로 이 이야기를 분석해 보자.

조건부 확률은 어떤 사건이 일어날 때 또 다른 사건이 일어날 확률이다. 우리는 생활 속에서 어떤 사건의 발생이 다른 사건이 일어날 확률을 더 높게 또는 더 낮게 나타나도록 하는 경우를 종종 발견할 수 있는데 이런 상황을 사건의 '상관성'이라고 한다. 상관성은 '양의 상관관계'와 '음의 상관관계'로 설명할 수 있으며, 상관성을 정량적으로 나타내는 매개변수를 '상관계수'라고 하고, 그 값의 범위는 −1에서 1까지이다. 상관계수가 −1이라는 것은 어떤 사건이 일어날 때, 또 다른 사건이 반드시 일어나지 않음을 의미한다.

한편, 상관계수가 1이라는 것은 어떤 사건이 일어날 때, 또 다른 사건이 반드시 일어난다는 것을 의미한다. 또한 상관계수가 0이면 두 사건이 무관함을 나타내며, 어떤 사건이 '또 다른 사건이 일어날 확률'에 전혀 영향을 주지 않는다. 그러나 (두 사건의 상관계수가 1일지라도) 상관관계가 인과성을 나타내지 않는다는 점에 유의해야 한다. 이는 주제를 벗어나므로 더 설명하지는 않겠다. 현실에서 완전한 양의 상관관계와 음의 상관관계를 갖는 사건은 매우 드물다.

베이즈 정리를 다음의 예를 통해 생각해 보자.

서로 독립적인 두 사건 A. B에 대하여 사건 A가 일어났을 때, 사건 B가 일어날 확률을 알고 있다면 사건 B가 일어났을 때, 사건 A가 일어날 확률은 어떻게 계산할 수 있을까?

전체 인구 중에서 형제자매가 없는 외동인 인구의 비율을 30%로 하자. 그러나 '80년대생' 또는 '90년대생' 인구 중 외동인 비율이 80%에 이른다고 하면, 이 80%는 1980년에서 1999년 사이에 태어난 사람이 외동일 확률이다. 여기서 조건은 '이 사람은 1980년에서 1999년 사이에 태어났다(즉, '80년대생' 또는 '90년대생')'이다.

$$P(외동 \mid \text{'80년대생' 또는 '90년대생'}) = 80\%$$

나는 조건부 확률에서 '조건'을 '조건 사건', 최종적으로 구하고자 하는 사건을 '주체 사건'이라고 하겠다.

때로는 조건 사건과 주체 사건을 맞바꾸어 그 확률을 고려하기도 한다. 예를 들어, '어떤 사람이 외동인 것으로 알려졌을 때, 그 사람이 '80년대생' 또는 '90년대생'일 확률은 얼마나 될까?'처럼 조건 사건과 주체 사건의 역할을 바꿔보는 것은 실제 문제에서 매우 유용하다. 조건부 확률에서 조건과 주체가 바뀌어 얻는 확률이 같다면 재미가 없다. 실제로는 그 값이 같은 경우가 드물며, 아래와 같은 베이즈 정리의 공식에서 두 사건 A, B가 서로 독립이라면 조건 사건과 주체 사건의 역할이 바뀌어도 그 결과는 같다.

$$P(\text{A} \mid \text{B}) = \frac{P(\text{B} \mid \text{A})P(\text{A})}{P(\text{B})}$$

제시된 문제 상황(즉, 어떤 사람이 외동인 것으로 알려졌을 때, 그 사람이 '80년대생' 또는 '90년대생'일 확률은 얼마나 될까?)을 베이즈 정리의 공식으로 표현해 보자.

$P(\text{'80년대생' 또는 '90년대생'} \mid \text{외동})$

$= \dfrac{P(\text{외동} \mid \text{'80년대생' 또는 '90년대생'}) \times P(\text{'80년대생' 또는 '90년대생'})}{P(\text{외동})}$

$P(\text{외동} \mid \text{'80년대생' 또는 '90년대생'})$=80%, $P(\text{외동})$=30%은 이미 알고 있으므로, $P(\text{'80년대생' 또는 '90년대생'})$ 즉, 전체 인구에서 '80년대생' 또는 '90년대생'이 차지하는 비율만 알면 된다. 이 값을 임의로 20%라고 하면, 공식에 의해서 다음과 같은 결과를 얻을 수 있다.

P('80년대생' 또는 '90년대생' | 외동)

$$= \frac{P(\text{외동}\,|\,\text{'80년대생' 또는 '90년대생'}) \times P(\text{'80년대생' 또는 '90년대생'})}{P(\text{외동})}$$

$$= \frac{0.8 \times 0.2}{0.3} ≒ 53\%$$

결과가 절반이 넘는다. 이 결과는 상당히 흥미로운데 이는 우리의 직감과 맞아떨어지기 때문이다.

외동인 경우	16%	14%	외동인 경우
		66%	외동이 아닌 경우
외동이 아닌 경우	4%		
	'80년대생' 또는 '90년대생'(20%)	'80년대생' 또는 '90년대생'이 아닌 경우(80%)	

이 문제는 연두색 부분이 전체(연두색과 짙은 녹색 부분) 면적에서 차지하는 비율을 묻는 것과 같다. 면적 비율과 베이즈 정리의 공식을 비교하여 베이즈 정리의 의미를 생각해 볼 수 있다.

'삼인성호'라는 고사성어가 과연 일리가 있는지 베이즈 정리로 다시 분석해 보려고 한다. 한 사람이 호랑이가 있다고 말했을 때 이것을 믿을 확률부터 계산해 보자. 베이즈 정리 공식을 이용하기 위해서는 다음의 세 가지 확률을 구해야 한다.

첫째, 어느 날 거리에 호랑이가 있을 때 '누군가가 당신에게 길거리에 호랑이가 있다고 말할' 확률이다. 길거리에 호랑이가 있는 것은 매우 드문 일이기 때문에 모든 사람이 시끌벅적하게 돌아다닐 것으로 예상되는데, 그렇다면 이 확률은 매우 높을 것이다. 그것이 90%라고 하면 확률은 0.9라고 쓸 수 있다.

둘째, '어느 날 거리에 호랑이가 있을' 확률이다. 아주 먼 옛날이라고 하더라도 이런 일이 일어날 가능성은 매우 희박할 것이기 때문에 여기서는 그 확률을 $\frac{1}{10000}$ 이라고 하자.

셋째, '어느 날 누군가 당신에게 길거리에 호랑이가 있다고 말할' 확률이다. 이 문제는 좀 미묘한데, 여기에는 두 가지 상황이 있다. 한 가지 상황은 길거리에 정말 호랑이가 있어 누군가 당신에게 알린 것으로 사실 이 상황은 매우 드물다. 또 다른 한 가지 상황은 길거리에 호랑이가 없지만, 누군가 당신에게 농담을 한 것이다.

따라서 전체 확률 공식에 따르면 이 확률은,

P(길거리에 호랑이가 있다)×P(누군가가 당신에게 알린다 | 길거리에 호랑이가 있다)+P(길거리에 호랑이가 없다)×P(누군가가 당신에게 농담을 한다 | 길거리에 호랑이가 없다)

실제로 길거리에 호랑이가 있을 확률은 매우 낮기 때문에 첫 번째 항은 무시할 수 있다. 그렇다면 누군가 당신에게 농담을 할 확률은 어떨까. 재미있는 농담이 아니기 때문에 실제로 이런 농담을 할 가능성은 낮겠지만, 길거리에 진짜 호랑이가 있을 확률보다는 훨씬 높을 것이다. 그래서 나는 그것의 확률을 1%라고 가정하겠다.

이제 이 값을 베이즈 정리에 대입해서 어떤 사람이 길거리에 호랑이가 있다고 말했을 때 정말로 호랑이가 있을 확률을 계산할 수 있다.

$P(길거리에 호랑이가 있다 \mid 어떤 사람이 길거리에 호랑이가 있다고 말함)$

$$= \frac{P(어떤 사람이 길거리에 호랑이가 있다고 말함 \mid 길거리에 호랑이가 있다) \times P(길거리에 호랑이가 있다)}{P(어떤 사람이 길거리에 호랑이가 있다고 말함)}$$

$$= \frac{0.9 \times \dfrac{1}{10000}}{\dfrac{1}{100}} = 0.009 = 0.9\%$$

이렇게 확률이 매우 작다는 것은 어떤 사람이 농담을 했을 뿐 길거리에 호랑이는 전혀 없었다는 것을 의미한다. 하지만 '세 사람이 호랑이가 있다'고 말하는 것은 믿을까? 만약 어느 날 세 사람이 당신에게 길거리에 호랑이가 있다고 말할 확률을 안다면 같은 방법으로 베이즈 정리에 근거하여 길거리에 정말 호랑이가 있을 확률을 계산할 수 있을 것이다.

그 값은 금방 확인할 수 있는데 바로 앞에서 한 사람이 길거리에 호랑이가 있을 확률을 1%로 가정했기 때문에 세 사람이 길거리에 호랑이가 있다고 말할 확률은,

$$\left(\frac{1}{100}\right)^3 = \frac{1}{10^6}$$

으로 확인된다. 결과는 백만분의 일이다. 이 계산이 정확하다고 가정하고 계속해서 확인해 보자.

여기에서는 P(세 명이 길거리에 호랑이가 있다고 말함 | 길거리에 호랑이가 있다) 값이 필요하다. 하지만 이 확률을 정확하게 계산하는 것은 쉽지 않다. 길거리에 있는 사람이 모두 몇 명인지, 몇 마리의 호랑이가 있는지, 길거리에 호랑이가 실제로 있었지만 이것을 본 사람이 없을 수도 있고, 누군가가 정말로 농담을 했을 가능성 등등 분명하지 않다.

그래서 나는 극단적인 상황을 배제하고 단순하게 생각하려고 한다. 거리에 사람이 충분히 많고 호랑이는 한 마리뿐이며, 호랑이가 실제로 있었다면 거리에 있는 사람들이 모두 호랑이를 봤다고 가정하자. 그러면 거리에 정말로 호랑이가 있을 때, 세 사람이 당신에게 알릴 확률은 한 사람만 알릴 확률과 비슷할 것이다. 나는 그 값을 80%라고 가정해서 확률을 0.8로 쓰겠다. 이것을 베이즈 공식에 대입하여 계산해 보자.

P(길거리에 호랑이가 있다 | 세 사람이 길거리에 호랑이가 있다고 말함)

$$= \frac{\begin{array}{c}P(\text{세 사람이 길거리에 호랑이가 있다고 말함} | \text{길거리에 호랑이가 있다})\\ \times P(\text{길거리에 호랑이가 있다})\end{array}}{P(\text{세 사람이 길거리에 호랑이가 있다고 말함})}$$

$$= \frac{0.8 \times \dfrac{1}{10000}}{\dfrac{1}{10^6}} = 80 = 8000\%$$

이 값은 1보다 훨씬 크니 어딘가 문제가 있는 게 틀림없다. 문제는 앞서 누군가 당신에게 거리에 호랑이가 있다고 말할 확률을 추정하면서 거리에 실제로 호랑이가 있는 상황을 무시했다는 점이다. 하지만 세 사람이 당신에게 거리에 호랑이가 있다고 말했을 때, 세 사람이 동시에 같은 장난을 칠 확률이 너무 낮기 때문에 거리에 호랑이가 실제로 있을 확률을 무시할 수 없다.

전체 확률 공식에 따르면, 우리가 실제로 계산하려고 하는 것은 거리에 호랑이가 없을 때 세 사람이 동시에 당신에게 장난을 칠 확률과 거리에 호랑이가 한 마리 있고, 세 사람이 동시에 당신에게 말할 확률이다. 전자의 확률은 확실히 백만분의 일($\frac{1}{10^6}$)이고 후자는 80%이다. 또 거리에 호랑이가 있을 확률은 만분의 일($\frac{1}{10000}$)이기 때문에, 세 사람이 당신에게 거리에 호랑이가 있다고 말할 확률은 다음과 같다.

$$\frac{9999}{10000} \times \frac{1}{10^6} + \frac{1}{10000} \times 0.8 ≒ \frac{81}{10^6}$$

이것을 베이즈 공식에 다시 대입해 보자.

P(길거리에 호랑이가 있다 | 세 사람이 길거리에 호랑이가 있다고 말함)

$$= \frac{P(\text{세 사람이 길거리에 호랑이가 있다고 말함} | \text{길거리에 호랑이가 있다})}{P(\text{세 사람이 길거리에 호랑이가 있다고 말함})} \times P(\text{길거리에 호랑이가 있다})$$

$$= \frac{0.8 \times \dfrac{1}{10000}}{\dfrac{81}{10^6}} = 99\%$$

와! 베이즈 공식은 고사성어 '삼인성호'의 의미를 완벽하게 해석한다. "세 사람이 거리에 호랑이가 있다"고 말할 때 거리에 진짜 호랑이가 있을 확률이 왜 이렇게 큰지, "한 사람이 거리에 호랑이가 있다"는 것은 왜 믿기 어려운지에 대해 베이즈 공식의 결과로 조금 짚어볼 수 있다.

우선 이 확률이 '거리에 호랑이가 있을 확률'에 비례한다는 것은 비교적 이해하기 쉽다. 또한 '거리에 정말 호랑이가 있을 때 누군가 당신에게 호랑이가 있다고 말할 확률'과 비례한다. 이 확률이 클수록 '호랑이가 있다는 것을 누군가가 당신에게 말한다'는 뜻이며, 이 두 사건 사이에는 더 큰 양의 상관관계가 있다.

마지막으로 '세 사람이 당신에게 거리에 호랑이가 있다고 말할 확률'에 반비례한다는 점이 관건이다. 즉, '세 사람이 당신에게 거리에 호랑이가 있다고 말한다'는 상황이 일어나지 않을수록 거리에 정말로 호랑이가 있을 가능성이 높다는 것을 의미한다. 다시 말해 한 가지 사건이 다른 사건의 증거가 될 수 있다면, 그 증거가 희귀할수록 이 증거가 유효하고 다른 사건이 진실일 가능성이 높다는 것을 의미한다.

세 사람이 동시에 당신에게 거리에 호랑이가 있다고 말할 가능성이 낮기 때문에 거리에 호랑이가 정말 있다고 얘기할 수밖에 없는 것이다. 그리고 만약 세 사람이 SNS에서 거리에 호랑이가 있다고 말한다면, 나는 당연히 믿지 않을 것인데 SNS에서는 이런 상황이 너무 흔하고 많은 사람은 단지 메시지를 전달할 뿐이기 때문이다. 그래서 SNS에서는 '삼인성호'는 맞지 않다고 생각하는데 아마도 천 명은 넘어야 될 것 같다. 하지만 서로 모르는 세 사람이 나에게 거리에 호랑이가 있다고 말한다면 믿을 수 있을지도 모르겠다.

'삼인성호'의 예에서는 베이즈 정리가 직관에 잘 부합했지만, 몇몇 예에서는 직관을 거스르기도 한다. 바이러스 검사 문제를 예로 들어보자.

여기서 어떤 검사로 바이러스 감염 여부를 진단할 확률을 90%라고 가정하면, 그 의미는 만약 당신이 바이러스에 감염되었을 때 이 검사 결과의 90%는 양성, 10%는 음성인 결과를 얻을 수 있다는 것으로 이를 '가짜 음성'이라고 한다.

또 다른 해석은 건강한 사람에 대한 검사 정확도는 90%로, 바이러스에 감염되지 않은 경우에 이 검사의 결과는 90%가 음성, 10%의 결과가 양성이라는 뜻으로 '가짜 양성'이라고 한다.

여기서 질문은 만약 검사 결과가 양성이라고 할 때, 실제로 바이러스에 감염될 확률이 얼마냐이다. 이 문제의 특징은 검사의 정확도가 상당히 높다는 것과 만약 내가 검사를 해서 나온 결과가 양성이었다면 나는 감염을 확신했을 거라는 것이다. 일단 서두르지 말고, 베이즈 공식에 따라 계산해 보자.

P(바이러스에 감염 | 검사 결과가 양성)

$$= \frac{P(검사\ 결과가\ 양성 | 바이러스에\ 감염) \times P(바이러스에\ 감염)}{P(검사\ 결과가\ 양성)}$$

여기서는 두 가지 확률을 추정해야 하는데 하나는 바이러스에 감염될 확률이다. 이 값은 지역에 따라 차이가 크므로 1%로 가정하겠다. 다른 하나는 검사 결과가 양성일 확률로 전체 확률 공식에 따라 바이러스에 감염될 확률 1%에 90%의 정확도를 곱하고 99%의 미감염률에 10%의 오류율을 곱한 것을 더한다.

$$0.01 \times 0.9 + 0.99 \times 0.1 = 0.108 = 10.8\%$$

이 값을 베이즈 공식에 대입하면,

P(바이러스에 감염 | 검사 결과가 양성)

$$= \frac{P(\text{검사 결과가 양성} | \text{바이러스에 감염}) \times P(\text{바이러스에 감염})}{P(\text{검사 결과가 양성})}$$

$$= \frac{0.9 \times 0.01}{0.108} = 8.3\%$$

이는 검사 결과가 양성일 때 90% 이상이 가짜 양성임을 나타낸다. 이 결과가 직관과 일치하는가? 계산 결과가 반직관적인 이유는 바이러스의 감염률을 1%라고 가정했을 때, 이는 비교적 작은 수치로 검사 결과가 양성일 때 이 값은 바이러스에 감염되었다는 사실을 잘 보여주지 못하기 때문이다. 그래서 우리는 종종 실제 감염 여부를 확인하기 위한 검사를 반복해야 한다.

만약 세 번의 검사 결과가 모두 양성일 경우, 당신이 실제로 바이러스에 감염될 확률은 얼마나 되는지 계산해 볼 수 있을 것이다. 물론 현실에서는 바이러스 감염 의심 사례의 감염률이 매우 높기 때문에, 때로는 80~90%에 이를 수도 있다. 이때 가짜 양성인 확률이 크게 낮아지므로 의심 사례에서 가짜 양성 확률을 계산할 수 있다.

마지막으로 데이터를 근거로 재미있는 계산을 해 보려고 한다. 만약, 어떤 사람의 검사 결과가 음성이면 가짜 음성인 확률은 얼마일까? 즉, 검사 결과가 틀릴 확률은 얼마나 될까?

공식에 따르면,

P(바이러스에 감염 | 검사 결과가 음성)

$$= \frac{P(\text{검사 결과가 음성} | \text{바이러스에 감염}) \times P(\text{바이러스에 감염})}{P(\text{검사 결과가 음성})}$$

$$= \frac{0.1 \times 0.01}{0.892} = 0.1\%$$

결과를 보고 크게 안도의 한숨을 쉴 수도 있겠다. 원래 음성이라는 결과는 대부분 감염되지 않았다는 이유로 그 결과에 대한 신뢰도가 높다.

이상 베이즈 정리에 대해 살펴보았다. 베이즈 정리는 관련된 두 사건의 독립된 사건으로서의 확률, 두 사건이 서로 상대의 전제가 되는 조건부 확률을 고려한다. 이 4가지 확률 중 3가지 확률 값을 알았을 때 남은 다른 하나를 계산할 수 있다. 베이즈 정리는 '삼인성호'와 같은 삶의 많은 직관적 현상을 설명하는 데에도 쓰일 수 있지만, 때로는 많은 반직관적 결과를 낳기도 한다.

"놀라운 사실에는 반드시 놀라운 원인이 있다."

이 명언은 내가 늘 어떤 일의 진위를 판단할 때 떠올리는 문장이니 여러분도 잘 활용하기를 바란다.

어떤 검사에 대한 가짜 양성일 확률이 91.7%일 때, 3회 검사 모두 가짜 양성일 확률은 얼마나 될까?
실제 바이러스 감염률이 80%에 달하고 어떤 검사에서 양성으로 나왔을 때, 실제로 바이러스에 감염될 확률은 얼마나 될까?

가장 효율적인 언어?

가장 '효율'적인 언어가 있을까? 예를 들어, 『해리 포터』의 다양한 언어 버전 중에서도 중국어 버전이 항상 가장 얇다. 그렇다면 중국어가 가장 효율적인 언어라는 견해는 과학적인가? 이에 과학자들이 언어의 효율성을 가늠하고 정량적으로 분석할 수 있는 방법을 찾아냈는데 바로 '정보 엔트로피'이다.

중문판과 영문판 『해리 포터와 마법사의 돌』의 두께 비교. 중문판이 약간 크지만, 영문판에 비해 훨씬 얇다. 중문판은 총 191쪽, 영문판은 총 309쪽이다. 물론 이런 방식은 단순 비교일 뿐, 결코 과학적인 결론은 아니다.

1948년, 미국의 수학자 클로드 섀넌Claude Shannon은 부호 시스템에서 단위 부호의 평균 정보량을 나타내는 지표인 정보 엔트로피를 제시하고, 또한 정보 엔트로피를 계산하는 공식을 다음과 같이 설명하였다.

$$정보\ 엔트로피 = -\sum_{i=1}^{n} p_i \log_2 p_i$$

공식에서 p_i는 특정 부호 시스템에서 특정 부호가 출현하는 빈도이다. 빈도는 특정 텍스트에 나타나는 특정 단어의 비율이다. 만약 100만 자로 구성된 책에서 어떤 글자가 1만 번 출현했다면, 이 글자의 빈도는 1만/100만=0.01=1퍼센트(%)인 것이다.

섀넌의 공식은 특정 부호 시스템의 부호 빈도를 모두 계산해 위의 공식에 대입하는 것으로, 이것이 바로 부호 시스템의 정보 엔트로피이다. 이는 좀 추상적으로 들릴 수도 있겠지만, 실제 연산을 하면 이해하기 쉽다. 예를 들어 부호 시스템에 부호가 하나만 있으면 정보 엔트로피는 어떻게 될까? 부호가 하나밖에 없기 때문에 그 빈도는 100% 즉, 1이 될 수밖에 없다. 1의 로그는 0이므로 이 공식에 따르면 계산 결과는 0이 된다.

이 결과에 대해 섀넌은 만약 어떤 부호 시스템에 단일 부호만 있다면, 이 부호 시스템은 어떤 정보도 전달할 수 없으며, 단일 문자가 전달할 수 있는 정보의 양은 0이라는 해석을 내놓았다. 만약 한 문자에 'a' 자만 포함된다면, 이 언어는 어떠한 정보도 전달할 수 없다는 것이다. 어떤 사람들은 서로 다른 길이의 'a'로 다른 정보를 나타낼 수 있다고 말하지만, 이것은 서로 다른 길이의 'a' 사이에 어떤 '분리 부호'가 필요한데, 이 분리 부호가 또 다른 부호가 된다.

그렇다면 두 가지 부호가 있으면 어떨까? 우리는 먼저 두 부호의 출현 빈도가 50%=0.5라고 가정하자. 그렇다면 $\log_2 0.5 = -1$이므로, 총 정보 엔트로피는 $-1 \times (0.5 \times (-1) + 0.5 \times (-1)) = 1$이 된다.

따라서 이러한 부호 시스템의 정보 엔트로피는 1이며, 그 의미는 '이러한 부호 시스템의 각 부호는 1비트[bit]의 정보를 전달할 수 있다'는 것이다. 이때 공식에 계수 -1이 있어야 하는 이유는 결과가 항상 0보다 크도록 하기 위함인데, 이는 사람이 정수에 대해 느끼는 감각이 비교적 직관적이기 때문이다.

정보 엔트로피에 영향을 미치는 두 가지 요인은 부호의 개수와 부호의 빈도 분포이다. 우리는 한 변수를 고정하여 다른 변수가 정보 엔트로피에 미치는 영향을 확인해 볼 수 있다.

각 부호의 빈도가 동일하다고 가정할 때, 부호의 수가 계속 증가하면 어떻게 될까? 어떤 부호 시스템이 n개의 부호를 가지고 각 부호의 빈도가 $\dfrac{1}{n}$이라고 가정하면, 이 시스템의 정보 엔트로피는 다음과 같다.

$$-\sum_{i=1}^{n} \frac{1}{n} \log_2 \frac{1}{n} = \log_2 n$$

즉, n개의 부호를 가진 부호 시스템의 정보 엔트로피는 $\log_2 n$이다. 부호가 많을수록 정보 엔트로피는 커지는데, 부호의 수가 일정하고 부호의 빈도 분포가 바뀌면 정보 엔트로피는 어떻게 될까?

조금만 계산해 봐도 부호의 빈도 분포가 고르지 않을수록 정보의 엔트로피가 작아진다는 것을 알 수 있다. 부호가 두 개뿐이라고 할 때, 그중 하나의 출현 빈도가 90%라면, 다른 하나는 10%에 불과해 이를 공식에 대입하면, 부호 시스템의 정보 엔트로피는 0.47 정도로 계산된다. 앞서 두 부호의 빈도가 같으면 정보 엔트로피는 1이었다.

부호가 많을수록 정보 엔트로피는 큰 값을 가지는데, 단일 부호가 제공하는 정보도 더 많다고 할 수 있을까?

영어가 26개의 알파벳으로 이루어진 것이 아니라 1,000개의 알파벳으로 구성된다고 상상해 보자. 모음이 여전히 a, e, i, o, u의 5개뿐이라 하더라도 각각의 단어에 적어도 하나의 모음이 포함된다면, 1,000개의 알파벳을 사용하여 2개의 알파벳으로 구성되는 단어를 만들 수 있는 경우의 수는 $1{,}000 \times 5 \times 2 = 10{,}000$개이다. 알파벳 3개의 조합을 더 고려한다면 단어량은 충분히 많다.

그래서 영어를 1,000자 부호 시스템으로 바꿀 수 있다면, 그중 거의 모든 단어를 3자 이하로 조합해서 표현할 수 있으므로 문장 길이가 크게 줄어들어 한 글자당 정보량이 증가하지 않을까?

한자 시스템은 몇천 개의 모음을 가진 부호 시스템과 비슷하기 때문에 한자에서 한 글자의 정보 엔트로피는 영문자보다 높을 것이다. 즉, 부호의 빈도가 균일할수록 여러 부호 사이의 관련성이 작아지고 각 부호는 모두 매우 중요해서 빠뜨릴 수 없기 때문에 단일 부호의 정보량이 많아져 정보 엔트로피가 커진다. 반대로 부호가 나타내는 관련성이 클수록 일부 부호는 생략할 수 있는데, 이는 이러한 부호가 제공하는 정보의 양이 적다는 것을 의미한다.

예를 들어 영어 단어 중 'ing', 'tion' 등이 나타나는 경우가 많다. 이들 조합에서는 글자 하나를 빠뜨리거나 순서가 틀려도 읽는 데 방해가 되지 않는다.

다음의 영어 문장을 보면 많은 단어의 철자가 틀렸지만 읽기에 전혀 지장이 없다는 것은 이 알파벳들이 제공하는 정보의 양이 적다는 것을 의미한다.

Aoccdrnig to arschearch at Cmabrigde Uinervtisy, it deosn't mttaer in waht oredr the Itteers in a wrod are, the olny iprmoet tihng is taht the frist and Itheite. Tihs is bcuseae the huamnid deos not raedervey Iteter by istlef, but the wrod as a wlohe.

중국어는 각 글자의 연관성이 적어 한 문장에서 여러 글자가 누락되면 그 문장의 원래 뜻을 알아맞히기 힘들다. 글자 사이의 연관성이 적다는 것은 글자 간의 출현 빈도 차이가 크지 않다는 것이고 그다음에 오는 글자를 예측하기 어렵다는 것을 의미한다.

따라서 한 글자당 제공하는 정보 엔트로피는 크다.

그렇다면 영어와 중국어의 정보 엔트로피는 도대체 얼마나 될까?

2019년 해외 유명 수학 블로거 존 D. 쿡[John D. Cook]은 자신의 블로그에 중국어의 정보 엔트로피를 계산한 글을 남겼다. 그가 사용한 중국어 단어 빈도 데이터는 2004년 미국의 한 대학의 연구자 준 다[Jun Da]가 인터넷에 올린 것으로, 통계자료에서 가장 많이 나타나는 중국어 한자 1위는 '더[的]'로 약 4.1%, 2위는 '이[一]'로 나타났으나 빈도는 1.5%에 불과했다. 쿡은 이 단어의 빈도에 근거하여 단일 한자의 정보 엔트로피를 9.56으로 확인하였다. 일반적으로 단일 영문자의 정보 엔트로피는 3.9이므로 중국어의 정보 엔트로피는 매우 크다고 할 수 있다.

```
Notes 说明:
   • Column 1: Serial number; 第一列：序号
   • Column 2: Character; 第二列：汉字
   • Column 3: Individual raw frequency; 第三列：频率
   • Column 4: Cumulative frequency in percentile; 第四列：累计频率(%)
   • Column 5: Pinyin. 请注意：拼音取自于CEDICT: Chinese-English Dictionary (http://www.mandarintools.com/cedict.html), the online HSK word list (http://www.chinese-forums.com/vocabu
     息只是提供给用户以参考，其准确性没有校对过。
   • Column 6: English translation; 英文翻译。请注意：英文翻译来源于CEDICT: Chinese-English Dictionary (http://www.mandarintools.com/cedict.html)。目前使用的数据是21 December 200

1    的    7922684  4.094325317834  de/di2/di4      (possessive particle)/of, really and truly, aim/clear
2    一    3050722  5.670893097424  yi1             one/1/single/a(n)
3    是    2615490  7.022539449284z shi4            is/are/am/yes/to be
4    不    2237915  8.179060653924  bu4/bu2         (negative prefix)/not/no
5    了    2128528  9.279852283038  le/liao3/liao4  (modal particle intensifying preceding clause)/(completed action marker), to know/to ¹
6    在    2009181  10.317367156686 zai4            (located) at/in/exist
7    人    1867999  11.282721271452 ren2            man/person/people
8    有    1782004  12.203634448562 you3            to have/there is/there are/to exist/to be
9    我    1690048  13.077026131829 wo3             I/me/myself
10   他    1595761  13.901691695105 ta1             he/him
11   这    1552042  14.703763929078 zhe4/zhei4      this/these, this/these/(sometimes used before a measure word, especially in Beijing)
12   个    1199580  15.323689840917 ge4             (a measure word)/individual
13   们    1169853  15.928251681058 men             (plural marker for pronouns and a few animate nouns)
14   中    1104541  16.499062050484 zhong1/zhong4   within/among/in/middle/center/while (doing sth)/during/China/Chinese, hit (the mark)
15   来    1079469  17.056915583014 lai2            to come
```

미국 대학 연구자 준 다[Jun Da]가 2004년 작성한 중국어 단어 빈도 데이터 중 네 번째 열의 소수[小數]는 누적 빈도이다. 이 행의 수치에서 앞 행의 수치를 빼면, 바로 이 한자의 실제 빈도가 된다.

그렇다면 중국어의 정보 엔트로피가 영어보다 두 배 이상 높다고 말할 수 있을까? 정보 엔트로피의 비교는 불확실한 요소들이 있기 때문에 그렇게 간단하지 않다. 앞에서는 알파벳과 한자를 비교했는데, 영어 단어와 한자를 비교할 수도 있다. 실제로 영어 단어의 조합은 많아졌지만 한 문장의 앞뒤 연관성은 너무 많아 단어의 정보 엔트로피는 더 낮아졌고, 섀넌은 영어 단어 1개의 정보 엔트로피가 2.62에 불과하다고 계산한 바 있다. 물론 중국어에 대해서도 어구별로 통계를 낼 수 있지만, 중국어에 있어서 어떻게 단어를 자를 것인가에 대한 확실한 기준이 없다.

	F0	F1	F2	F3	F-Word
26개 알파벳	4.70	4.14	3.56	3.3	2.62
26개 알파벳 + 빈칸	4.76	4.03	3.32	3.1	2.14

섀넌 통계의 영어 정보 엔트로피이다. '26글자+빈칸'은 단어 사이의 빈칸도 1글자로 집계한다는 뜻이다. F0은 각 알파벳이 나타날 대략적인 확률에 따라 독립적으로 통계를 내는 것을 의미하며, F1은 2개의 알파벳을 조합한 빈도로 통계를 나타내고, F2는 3개의 알파벳을 조합한 빈도로 나타낸 통계, F-Word는 단어의 출현 빈도에 따른 통계를 의미한다.

단어 빈도에 대한 통계도 한 요인이다. 같은 중국어라도 고대 중국어와 현대 중국어의 단어 빈도는 틀림없이 다를 것이다. 분야별로 다양한 글에서의 단어 빈도에도 큰 차이가 있을 수 있다.

다만 한 가지 확실한 것은 어느 언어를 막론하고 수학 논문의 단위 글자 정보 엔트로피는 분명히 다른 유형의 문장보다 훨씬 클 것이며, 이것도 수학 논문이 이해하기 어려운 이유 중 하나이다. 수학자는 활용하는 공식에 대한 설명을 쓰지 않고 '분명히' 혹은 '쉽게' 얻을 수 있는 식에 대해서 결코 해석을 덧붙이지 않는다.

2. Notation and sketch of the proof

Notation.

p: a prime number.

a, b, c, h, k, l, m: integers.

d, n, q, r: positive integers.

$\Lambda(q)$: the von Mangoldt function.

$\tau_j(q)$: the divisor function, $\tau_2(q) = \tau(q)$.

$\varphi(q)$: the Euler function.

$\mu(q)$: the Möbius function.

x: a large number.

$\mathcal{L} = \log x$.

y, z: real variables.

$e(y) = \exp\{2\pi i y\}$.

$e_q(y) = e(y/q)$.

$\|y\|$: the distance from y to the nearest integer.

$m \equiv a(q)$: means $m \equiv a(\bmod\, q)$.

$\bar{c}/d$ means $a/d(\bmod 1)$ where $ac \equiv 1(\bmod\, d)$.

$q \sim Q$ means $Q \le q < 2Q$.

ε: any sufficiently small, positive constant, not necessarily the same in each occurrence.

B: some positive constant, not necessarily the same in each occurrence.

A: any sufficiently large, positive constant, not necessarily the same in each occurrence.

$\eta = 1 + \mathcal{L}^{-2A}$.

$\varkappa_N$: the characteristic function of $[N, \eta N) \cap \mathbf{Z}$.

$\sum^*_{l(\bmod\, q)}$: a summation over reduced residue classes $l(\bmod\, q)$.

$C_q(a)$: the Ramanujan sum $\sum^*_{l(\bmod\, q)} e_q(la)$.

'쌍둥이 소수 추측'에 관한 논문의 기호 약정 부분. 각 기호마다 매우 많은 정보를 포함하고 있다.

어쨌든 현재 서로 다른 통계방식에서 중국어의 정보 엔트로피 값은 여전히 크다. 쿡은 서로 다른 언어를 비교할 때 새로운 비교 방식으로 각 언어가 단위 시간 내에 출력하는 정보의 양을 제기하였다. 그리고 하나의 추측을 제기했다.

서로 다른 언어의 단위 시간 내에 출력하는 정보의 양은 비슷하다.

예를 들면, 같은 소설이라도 중문판은 반드시 영문판보다 얇을 것이다. 그러나 만약 필사를 한다면, 중국어는 획수가 많기 때문에 비교적 시간이 많이 소요되고 최종적으로 필사하는 데 걸리는 시간은 영어와 비슷할 수 있다. 물론 요즘 같은 컴퓨터 시대에는 컴퓨터에 입력된 시간을 비교하는 것도 가능하다. 예를 들어 같은 문장의 중국어 버전, 영어 버전을 입력하는 데 평균적으로 필요한 타이핑 횟수를 비교할 수도 있다(모두 최적의 연상 기능이 있는 입력 방법을 사용한다). 또한 음성 출력의 효율성을 고려한다면 좀 더 흥미로운 발견들이 있을 것이다.

한 가지 확실한 것은 음성으로 출력될 때 중국어의 정보량이 크게 줄어든다는 점이다. 왜냐하면 한자는 5,000개 이상이 있지만, 중국어의 발음은 성조를 고려할 때 1,200여 종류, 성조를 고려하지 않으면 300여 종류의 조합만 있기 때문이다. 필자와 같이 앞뒤 비음을 잘 구분하지 못하는 사람은 정보를 더 많이 빠트릴 수 있다. 이것은 생활 속의 많은 현상을 설명할 수 있다.

한자 성조가 있는 병음 조합 빈도율 상위 10개 (숫자는 성조, 숫자 표시가 없으면 경성을 나타낸다)

de	shi4	yi1	bu4	tal	zai4	le	ren2	you3	shi2
4.63%	2.23%	1.71%	1.49%	1.21%	1.13%	1.10%	0.97%	0.96%	0.90%

한자 무성조 병음 조합 빈도율 상위 10개

de	shi	yi	ji	bu	zhi	you	ta	ren	li
5.05%	3.60%	3.04%	1.58%	1.52%	1.42%	1.42%	1.23%	1.20%	1.20%

중국어는 병음을 완전한 문장으로 바꿀 수 없을 뿐만 아니라 완벽하게 읽을 수 없는데, 그 이유는 동음 문자가 많기 때문이다. 다음의 예를 보자.

xue shu xue hui shang yin shi yi ben hen hao kan de shu xue shu. (읽을 수 있더라도 이 말이 무슨 뜻인지 분명하게 말하기 힘들다. 병음으로만 표시된 문장은 읽기 힘들다는 것을 바로 알 수 있다.)

또 다른 예로, 귓속말 전하기 게임을 생각해 보자. 어떤 사람들은 다음 사람에게 귓속말 형식으로 말을 전달하여 최종 결과가 시작의 메시지와 얼마나 다른지 본다. 보통 6~7명이 되면 이 말은 전혀 다른 모습으로 변형되는데 간단한 영어 한마디를 전하여 원래의 문장을 유지하기가 쉬운지 아닌지를 볼 수 있다.

그래서 어떤 사람이 '왜 중국인들은 항상 이렇게 큰 소리로 말하느냐'고 묻는다면 '중국어 음성의 정보 엔트로피가 낮기 때문에 상대방의 모든 글자가 잘 들리게끔 큰 소리로 말해야 한다'는 답을 들을지도 모른다. 또한 중국어의 영상물들은 모두 자막과 동영상에 댓글 자막까지 즐겨 넣는데, 그 기저에는 역시 중국어의 정보 엔트로피 값이 크고 음성의 정보 엔트로피 값은 낮은 이유에 있다. 중국어 동영상에 표시되는 자막을 보면 대사를 듣는 데 그다지 주의를 기울이지 않아도 편하게 영화를 즐길 수 있다.

반면 만약 영어로 동영상 댓글 자막을 띄우면 화면에 긴 문장이 가득해 정상적인 동영상 시청에 지장을 주기 때문에 영어를 쓰는 지역에서는 이런 문화가 형성되지 않는다.

섀넌은 정보량의 크기를 나타내는 지표를 왜 '정보 엔트로피'라고 명명했을까? 물리에서의 '엔트로피'와 관련이 있을까? 당연히 관련이 있다. 물리학에서 '엔트로피'의 직관적인 정의는 시스템의 '혼돈 정도'를 표시하는 것으로 혼돈이 클수록 엔트로피 값이 커지고 질서정연할수록 엔트로피 값이 낮아진다. '혼돈'에 대한 직관적인 정의는 시스템의 상태를 약간 변경할 때 원래 상태

'귓속말 전하기 게임', 한 무리의 사람들이 귓속말을 통해 중국어 문자를 전달하는데, 보통 얼마 지나지 않아 이 말은 전혀 다른 의미로 전해진다.

깔끔한 방과 지저분한 방의 대비. 정갈한 방의 경우에는 약간의 변화를 주어도 차이를 알아차릴 수 있어 '엔트로피'가 비교적 낮고, 어지러운 방의 경우에는 많은 물체를 움직여도 차이를 느끼기 어려워 '엔트로피'가 매우 높다.

와 구별할 수 있는 정도이다. 예를 들면, 질서정연하고 매우 깨끗한 방의 경우 물건을 조금만 옮겨도 변화를 발견하기 쉬운데, 어지러운 방은 많은 물건을 옮긴 후에도 여전히 뒤죽박죽인 느낌이 든다.

정보 엔트로피에서 왜 언어는 '혼돈'스러울수록 정보량이 커질까? 이 점은 언어의 문맥적 상관도에서 생각할 수 있다. 영어 단어에서 알파벳 상관도는 매우 높은데, 그 예로 앞에서 언급한 'ing', 'tion' 등 다양한 접두사, 접미사가 있다.

영어에서는 글자 사이에 상관도가 크기 때문에 'ing', 'tion'과 같은 접미사 조합에서 알파벳 하나를 빼더라도 읽기에 전혀 지장이 없으며, 이들 조합에서 단일 알파벳이 제공하는 정보의 양이 적다는 것을 의미한다.

중국어는 문맥 상관도가 매우 낮기 때문에 한 글자의 정보량이 크다. 문맥 상관도가 높은 부호 시스템을 '질서'로 이해하면, 상관도가 낮은 것은 '무질서'하기 때문에 정보량을 '엔트로피'로 부르는 것이 적절할 뿐만 아니라 실제로 물리에서의 '엔트로피'와 유사한 성질을 많이 가지고 있다.

마지막으로, 정보 엔트로피는 많은 물리량과 마찬가지로 단위를 가질 수 있는데, 그 단위는 비트^{bit}(즉, 컴퓨터에서 '비트')이다. 정보 엔트로피 공식으로 볼 때 정보 엔트로피는 차원이 없지만 때

때로 우리는 비트를 그 단위로 사용한다. 예를 들어, 중국어에서 평균적으로 한 글자의 정보 엔트로피가 9.56이면 단일 한자가 제공하는 정보량은 9.56비트라고 할 수 있다. 왜 그럴까? 이것은 사실 부호의 코딩 문제이다. 현재 우리가 사용하는 컴퓨터 시스템의 문자는 일반적으로 동일한 길이의 부호화 방식, 즉 각 문자의 부호화 길이가 동일하다. 예를 들어, 유니코드 부호화 시스템에서 각 문자는 16비트의 이진 비트로 부호화된다.

그러면 이론적으로 $2^{16}=65536$개의 문자를 인코딩할 수 있고 (실제로 이 16비트는 여러 개의 평면으로 분할되어 있으며, 현재 약 13만 개의 부호를 인코딩하고 있다) 이미 세계의 모든 문자 부호를 인코딩하기에 충분하며, 지금도 우리는 그 안에 이모티콘을 계속 추가하고 있다.

부호화 목표가 대상 텍스트의 총 길이를 최단으로 하는 것이라면 동일한 길이의 부호화 방식은 최적안이 아니다. 문자마다 빈도가 다르기 때문에 빈도가 높은 문자는 비교적 짧은 길이로 부호화하는 것을 고려할 수 있다.

예를 들어, 앞서 언급한 중국어 텍스트 중에서 글자의 사용 빈도가 가장 높은 '더的'에 대해 1비트 이진수, 즉 '0'으로 인코딩하고 다른 한자는 '1'로 시작하는 이진수로 인코딩하는 것을 고려할 수 있다. 중국어에서 두 번째로 사용 빈도가 높은 문자는 '이ㅡ'로, 2비트 이진수 '10'으로 부호화할 수 있고, '110'으로 사용 빈도가 세

번째인 한자를 부호화… 이런 식으로 빈도가 높은 한자를 부호화
하면 길이가 짧고 빈도가 낮은 한자는 길이가 길며, 서로 다른 한
자의 부호화는 맨 왼쪽의 몇 개의 이진수로 구별할 수 있다.

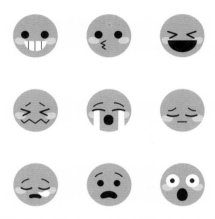

유니코드는 거의 모든 언어를 부호화할 뿐만 아니라 점점 더
많은 이모티콘을 포함한다.

부호화 방식은 컴퓨터 용어로 '호프만 코드Huffman Code' 또는 '접
두사 코드prefix code'라고 불리는데, 이는 서로 다른 문자가 부호화
된 접두사에 의해 구분되기 때문이다. 물론 중국어에서 '더的'는 1
비트 이진수로 부호화될 만큼 빈도가 높지 않다. 그러나 서로 다
른 문자의 빈도표에 따라 평균 부호 길이가 가장 짧은 부호화 방
식을 도출할 수 있는 알고리즘이 있으며, 이때의 부호화 결과를
'최적 접두사 코드' 또는 '최적 호프만 부호'라고 한다. 어떤 한자

의 빈도표를 대조해서 정보 엔트로피가 9.56이라면, 같은 빈도표를 대조하고 그것에 대해 최적의 접두사 부호화를 진행하면, 단일 한자의 평균 부호화 길이가 9.56이라는 것을 알게 될 것이다. 따라서 정보 엔트로피의 단위는 '비트'라고 할 수 있다. 여기에서 또 하나의 흥미로운 통찰이 있는데, 바로 언어별 문서 파일의 압축률을 고찰하는 것이다. 예를 들어, 유니코드로 부호화된 중국어판, 영문판 『해리 포터』 시리즈 도서들이 압축된 파일 크기의 변화 정도를 각각 비교해 보면 어떤 차이가 있을까?

압축 소프트웨어의 작동 원리는 바로 텍스트 속의 중복 정보를 제거하고, 최적의 부호화 방식을 이용해서 파일을 다시 부호화하는 것이다. 하나의 텍스트가 작게 압축될 수 있다는 것은 원래의 텍스트 정보는 용량이 많고 단위 문자의 정보량이 낮다는 것을 의미한다. 반대로 압축 후 파일 크기가 크게 변하지 않는다면 원래의 텍스트 정보는 용량이 적고 단위 문자 정보의 양이 크다는 것이다. 실제로 많은 사람이 테스트를 한 결과, 중국어는 기대에 부응하여 각종 언어 사이에서 중국어의 압축률은 항상 가장 낮았다.

정보의 엔트로피에 관한 이야기는 끝났다. 여기서 내가 가장 의미 있게 생각하는 것은 섀넌이 이렇게 간단한 하나의 공식으로 나에게 이렇게 많은 고민과 생각할 기회를 주었다는 것이다. 앞으로 '가장 아름다운 공식'이 언급될 때 섀넌의 정보 엔트로피 공식이 언급되어야 한다고 생각한다. 중국어는 부호에서 제공하는 정보의 양이 기본적으로 많지만 음성에서 정보를 잃어버릴 수 있는 단점도 분명하다.

Let's play with MATH together

압축 소프트웨어로 서로 다른 언어의 오디오를 압축하면 압축률의 크기는 어떻게 될까?

키보드를 마음대로 두드려서 얻은 숫자는 난수일까?

컴퓨터에서 난수$^{\text{random number}}$가 어떻게 생성되는지 생각해 본 적이 있는가? 이 문제를 이해하기 위해 먼저 일련의 숫자가 랜덤^{random}인지를 판별하는 방법을 고려해야 한다. 다음과 같은 두 수열을 보자.

0001001000100100010001100010001001111000101010101010
000011101011
1111000110001101000111100000100010000111110000100110
0100010000100

두 수열 중 하나는 내가 키보드에 마음대로 두드려서 만든 것이고, 다른 하나는 컴퓨터의 난수 생성 알고리즘을 이용한 결과이다. 당신은 이 두 수열을 구별할 수 있을까? 아마도 판단하기 어려울 것이라 예상된다. 잠시 생각해 보면 주어진 두 수열이 충분히 길면 감별할 수 있을 것 같다. 난수는 기댓값, 분산 등에서 다양한 특징이 있다. 그러면 이와 같이 0과 1로 구성되는 수열에서 0, 1의 개수가 비슷한지 살펴보는 것은 자연스럽다. 키보드를 마음대로 두드릴 때 심혈을 기울여서 0과 1을 고르게 썼다고 해도 살펴봐야 할 다른 특징들이 많다.

이 예에서 0과 1의 수가 기대에 부응한다면 분산도 분명히 기대에 부응한다. 한편, 연속하는 1의 길이도 고려할 수 있다. 만약 길이가 10,000인 0과 1, 두 값으로 이루어진 난수열random number sequence이 있다고 할 때, 가장 긴 연속하는 1의 길이가 4라면 직관적으로도 이 수열에 문제가 있음을 알 수 있다. 어느 특정 위치에서부터 5개의 1이 연속으로 나타날 확률은 $\frac{1}{32}$이지만, 10,000개의 숫자에서 한 번도 일어나지 않을 확률은 대략 10^{-35}에 불과하다. 실제로 길이가 10,000인 0과 1, 두 값으로 이루어진 난수열에서 가장 긴 연속하는 1의 길이는 대략 9에서 15 사이이다.

[계산의 예]

동전을 1,000회 연속으로 던질 때 앞면이 연달아 나타나는 횟수를 x라고 하면, $x \leq 8$인 확률을 구하시오(계산이 좀 번거로우니, 건너뛰고 나중에 읽어도 된다).

이것은 좀 복잡한 문제로 일반적인 방법은 '마르코프 과정Markov process'을 사용해야 하는데 중고등학생의 수준을 고려해서 설명하려고 한다.

우선 문제를 간단하게 생각해 보겠다. 같은 동전을 10회 연속으로 던질 때 앞면이 연달아 나오는 횟수가 3보다 작을 확률을 계산해 보자. 앞면을 1로, 뒷면을 0으로 나타내면 10회 연속 동전을 던진 결과는 다음과 같이 10자리의 이진수로 나타낼 수 있다.

1101010001

가능한 모든 경우의 수는 $2^{10}=1,024$(개)이다. 그중에서 1이 연속으로 나오는 횟수가 3보다 작은 수를 생각해 보자. 위 수열 맨 마지막에 0을 하나 추가한 수에서 단 한 개의 0만 포함하도록 왼쪽에서 오른쪽으로 수를 읽으며 0에서 분할한다. 분할된 결과는 다음과 같다.

$$110, 10, 10, 0, 0, 10$$

각각의 분할에서 그 길이를 조사하면 3, 2, 2, 1, 1, 2이며, 길이의 총합은 10+1=11과 같다(원래 수열에서 0을 하나 추가했다).

매번의 동전 던지기 결과로 각각 다른 분할을 만들고, 또 길이가 다른 수열을 확인할 수 있다. 어떤 동전 던지기 결과에서 앞면(1)이 연속으로 나오는 횟수가 3보다 작다면 각 분할의 길이는 3 이하가 될 것이다.

다음과 같은 함수를 보자.

$$g_k(x) = (x + x^2 + x^3)^k$$

$k=6$일 때, $g_6(x)=(x+x^2+x^3)^6=(x+x^2+x^3)(x+x^2+x^3)\cdots(x+x^2+x^3)$ 이다. 이 함수를 전개하면 x^{11}항의 계수를 알 수 있는데 위 식의 6개 괄호에서 각각 하나의 항을 취하여 나온 결과로서 각 항의 차수의 합이 정확히 11이 되는 모든 조합의 경우의 수가 된다. 각 조합은 앞에서 확인한 분할의 결과에 해당한다. 예를 들어, 앞의 분할 결과는 110, 10, 10, 0, 0, 10이므로, 이에 상응하는 다항식은 각각 x^3, x^2, x^2, x, x, x^2이고 이 다항식의 차수의 합은 11이다. 따라서 6개로 구분된 모든 동전 던지기

결과에 앞면(1)이 연속으로 나오는 횟수가 3 이상인 1의 조합 수는 없다.

즉, $g_1(x)$에서 $g_{11}(x)$까지 x^{11}항의 계수의 합이다.

계산의 편의를 위해 다음과 같은 식으로 나타낼 수 있다.

$$\sum_{k=1}^{11} g_k(x) = \sum_{k=1}^{11} (x + x^2 + x^3)^k$$

등비수열의 합 공식을 이용하여 위 다항식의 결과를 확인하면, x^{11}항의 계수는 504임을 알 수 있다. 따라서 동전을 10회 연속으로 던질 때, 그중 앞면이 연속해서 나오는 횟수가 3보다 작을 확률은 $504 \div 1024 \fallingdotseq 0.49$이다. 항의 개수가 더 많은 경우에는 다항식의 합을 계산하는 것이 매우 복잡해지며, 이때는 무한 등비수열의 합을 구하는 방법을 이용하거나 테일러 급수를 이용하여 대응하는 항의 계수에 대한 근삿값을 구할 수 있다.

원래 제시되었던 문제를 보자.

동전을 1,000회 연속으로 던질 때 앞면이 연달아 나타나는 횟수를 x라고 하면 $x \le 8$인 확률을 구하시오.

조건에 맞는 조합 수는 다음 다항식에서 x^{1001}항의 계수를 구하는 것과 같다.

$$\sum_{k=1}^{1001} (x + x^2 + \cdots + x^9)^k$$

$k > 1001$일 때, $(x + x^2 + \cdots + x^9)^k$에서 x^{1001}항의 계수는 0이고, $k = 0$일 때, 다항식은 1이므로 x^{1001}의 계수에 영향을 주지 않는다.

따라서 다음과 같이 0이 아닌 다항식의 합으로 나타낼 수 있다.

$$\sum_{k=1}^{\infty}(x+x^2+\cdots+x^9)^k = \sum_{k=1}^{\infty}\left(\frac{x(1-x^9)}{1-x}\right)^k = \frac{1-x}{1-2x+x^{10}}$$

이 식의 테일러 전개식에서 x^{1001}의 계수는 계산기를 사용하여 약 4.026×10^{300}으로 계산된다. 따라서 1,000번의 동전 던지기에서 앞면이 연달아 나타나는 횟수가 8을 넘지 않을 확률은 다음과 같다.

$$\frac{4.026 \times 10^{300}}{2^{1000}} = 37.57\%$$

동전을 10,000번 던질 경우로 바꾸면 컴퓨터로 계산해도 시간이 꽤 걸린다. 따라서 이때 계산은 동전을 1,000번 던지는 것을 10번 반복하고 각 시도에서 앞면이 연속으로 나타나는 횟수가 8을 넘지 않을 확률을 구하면 된다. 여기서 얻은 결과는 동전을 10,000번 던지는 경우와 매우 비슷할 것이다. 결론적으로 동전을 10,000번 던질 때 앞면이 연속으로 나타나는 횟수가 8을 넘지 않을 확률은 약 0.0056%로 계산된다.

위의 예시는 마음대로 쓰는 방식으로 생성된 난수가 그다지 좋지 않거나 심지어 부적격 난수라는 것을 보여주는데, 이러한 '가짜 난수'를 감별할 수 있는 여러 방법이 있다.

그런데 왜 난수 검사가 필요할까? 미니 게임 프로그램, 복권 추첨, 그리고 정보의 암호화에서 현재 인기 있는 디지털 화폐 전송에 이르기까지 모두 난수가 필요하기 때문에 매우 중요하다. 난수가 '랜덤'이 아니면 악의적인 공격자에게 기회를 주어 심각한 결과를 초래할 수 있다.

하지만 도대체 진정한 '랜덤'이란 무엇일까? 의외로 이것은 매우 미묘하고 심지어 철학적이기까지 하다. 예를 들어, 동전을 던져서 생기는 수열은 '랜덤'일까? 랜덤으로 보이지만 만약 동전이 던져진 후에 모든 물리적 변수, 예를 들어, 초속도, 각도, 공기저항, 습도, 동전의 밀도, 형상 등을 알 수 있다면 계산 속도가 매우 빠른 컴퓨터를 이용하여 모든 동전이 탁자 위에 떨어진 후 어느 쪽이 위로 향하는지에 대한 결과를 바로 예상할 수 있다. 이런 상황에서 동전 던지기의 결과를 난수라고 할 수 있을까?

이 문제에 대해 아인슈타인은 '신은 주사위를 던지지 않는다'는 유명한 말을 남겼다. 무엇이 진짜 난수인지, 자연계에 '진짜' 난수 현상이 있는지 등의 문제는 지금까지도 여전히 논란이 있고 매우 민감한 화두이다.

수학에서 정의하는 '진짜' 난수의 예를 보자. 다음은 각각 절반의 확률을 가지는 '0-1' 이항 분포의 무작위 변수의 정의이다.

A, B 두 사람이 난수 맞히기 게임을 한다고 상상하자. A가 '0-1' 분포에서 임의로 수를 하나 정할 때, B는 그 수가 무엇인지 맞추면 된다. A는 B가 추측할 수 있도록 매번 0 또는 1의 난수를 만들어 낼 것이며, B는 다음의 두 가지 조건을 가지고 있다.

첫 번째 조건 : B는 추측하기 전에 A에게 임의의 많은 난수를 요구할 수 있다. 즉, 역사적 난수가 다음 추측에 유용하다고 판단되면 과거 난수의 역사를 임의로 연구할 수 있다. 그리고 B가 원하는 만큼 요구할 수 있다.

두 번째 조건 : B는 무한한 계산 능력을 가진 컴퓨터를 가지고 있다. 계산 속도는 상상하는 만큼 빠르기 때문에 B는 추측하기 전에 마음껏 이 컴퓨터를 이용하여 이전의 난수를 분석하고 만족할 때까지 기다릴 수 있다. 심지어 A가 먼저 난수를 종이에 써서 금고에 숨기면, B는 다시 계산 분석을 시작하고, 분석이 만족스러운 후에 추측을 하여 금고를 열고 결과를 검사할 수 있다.

여러 번 시도 후에도 당신이 맞출 수 있는 확률이 여전히 $\frac{1}{2}$에 가깝다면 A가 생성한 난수는 '진짜' 0-1 이항 균등 분포의 난수이다. 이 정의를 수학적으로 표현하면 다음과 같다.

임의의 작은 ε에 대하여 δ가 존재하여 게임 횟수가 δ회보다 클 때, B가 맞힌 횟수 m을 게임의 총 횟수 k로 나눈 값에서 $\frac{1}{2}$을 뺀 절댓값은 항상 ε보다 작다.

$$\left| \frac{m}{k} - \frac{1}{2} \right| < \varepsilon$$

이것이 '진짜' 난수의 정의이다. 너무 장황하다고 생각하지는 않았나? 하지만 다음과 같은 조건을 하나라도 빠뜨리면 안 된다.

원숭이가 키보드를 마구 두드리면서 생기는 문자는 '랜덤'해 보이지만, 암호학에서 '진짜' 난수는 엄격한 조건이 요구된다.

첫째, 역사적 난수를 관찰할 수 있어야 하는데, '진짜' 난수는 역사와 무관하다. 따라서 역사적 난수를 분석하여 난수 추측 성공률을 1만분의 1이라도 증가시킬 수 있다면, 이 난수는 여전히 '진짜'가 아니다.

둘째, 무한한 계산 능력을 가진 컴퓨터가 허용되어도 진정한 난수는 도전자의 계산 속도에 의존하지 않는다. 그 이유는 앞에서 언급한 것과 마찬가지로 '진짜' 난수의 발생은 독립사건으로 이전의 결과와 무관하기 때문이다.

셋째, 도전자가 추측한 성공률과 $\frac{1}{2}$의 차이 값의 절댓값, 즉 맞히거나 틀릴 '능력'이 $\frac{1}{2}$에 수렴한다는 점에 유의해야 한다. 만약 당신이 $\frac{1}{2}$의 확률보다 현저히 큰 값으로 '맞힐' 능력이 생겨도 안 된다. 우리는 완벽한 난수의 정의를 가지고 있지만, 실제로 이 정의는 별 소용이 없다. 왜냐하면 위의 추측 게임은 완전히 이상적인 실험이기 때문이다. 어떤 난수 제공자도 제한된 시간 내에 임의의 길이의 난수를 줄 수는 없다. 난수 검증자도 계산 능력이 무한한 컴퓨터를 갖고 있지 않다. 그래서 난수 생성자, 특히 소프트웨어로 생성된 난수는 가능한 이 기준에 근접할 수 있을 뿐 도달할 수는 없다. 검사자는 난수가 특정 상황에서 '진짜' 난수로 사용될 수 있을 만큼 충분히 품질이 좋은지 확인할 수 있다. 여기서 말하는 난수의 검증은 주로 컴퓨터의 난수 생성 알고리즘에 대한 검증이다. 아래에 가장 간단한 검증 유형부터 설명하겠다.

1단계 테스트 : 범위 테스트, 생성된 난수가 목표 범위에 있는지 여부를 확인한다. 이 테스트의 의미는 비교적 간단하지만, 경계 문제에서는 아직 주의가 필요하다. 예를 들어 알고리즘이 0보다 크고, 1보다 작은 난수를 생성할 것으로 예상되는 반면, 실제 알고리즘은 1을 생성하지 못하거나 0을 생성할 확률이 매우 작다면 테스트 소프트웨어는 이러한 문제를 발견하지 못할 수 있다. 이런 상황은 소프트웨어로 발견하기 어렵고, 인력으로 알고리즘을 분석해 점검하는 수밖에 없다.

2단계 테스트 : 평균 테스트, 즉 기댓값을 확인한다. 예를 들어, 난수의 기댓값을 100으로 표시하면 10,000개의 랜덤 값을 계산하여 평균값을 구하고 100에 접근할 수 있는지 확인한다. 또 통계학에서 '신뢰구간'이라는 개념을 배운 독자가 적지 않을 텐데, 즉 이 10,000개의 난수 평균값이 어떤 범위 구간 안에 있어야 하는지 계산할 수 있다는 것이다. 예를 들어 평균이 100±5의 범위 내에 95%의 확률로 있어야 하지만 실제 평균이 106이라면 이 난수 알고리즘에 문제가 있다는 것이다.

3단계 테스트 : 분산 테스트, 난수 값의 변화 정도를 본다. 평균 테스트에서 기댓값이 100이라고 하자. 그러나 실제로 매번 10,000개의 난수 평균값을 확인할 때마다 많지도 적지도 않은, 정확히 100이라는 것을 발견한다면 이런 상황은 좋은가, 나쁜가? 이런 경우가 한 번 뿐이라면 몰라도 10번의 테스트를 거쳤는데 평균이 정확히 100이라면 난수열이라고 도저히 믿을 수 없다. 여기서도 난수의 변화 분포 정도가 미리 설정된 신뢰 구간 내에 있는지 여부를 알 수 있기 때문에 '신뢰구간'이 역할을 한다. 무작위 변수의 평균과 분산은 무작위 변수의 두 가지 기본 특성이다. 그러나 이 두 가지 특성에 부합한다고 해서 난수 알고리즘이 정확하고 사용 가능한 것은 아니다. 예를 들어, 기댓값이 1인 지수 분포와 기댓값이 1이고 분산도 1인 정규 분포는 기댓값과 분산이 서로 같다.

4단계 테스트 : 배럴 테스트, 정규 분포 난수를 생성해야 하는 코드에 부주의로 지수 분포를 생성하는 알고리즘을 사용하면 위세 가지 테스트의 차이를 모두 측정할 수 없다. 이때 4단계 테스트가 필요하다. 교과서에는 각 확률분포의 확률밀도함수가 그려져 있는데, 정규분포는 '종 모양의 곡선'이라고도 하며, 지수분포는 왼쪽 위에서 오른쪽 아래로 내려가는 곡선이다.

이 두 가지 상황을 구분하기 위해서, 우리는 좌표축에 같은 간격마다 몇 개의 점을 표시한 후에 수직선을 그을 수 있는데, 각각의 수직선 사이에는 하나의 '배럴(통)'이 있고, 그런 다음 무작위 변수가 다른 배럴에 떨어지는 수를 조사할 수 있다. 예를 들어, 정규 분포의 경우 기댓값 양쪽에 대칭인 배럴에 있는 변량의 수가 비슷해야 한다는 것을 알고 있지만 지수 분포의 경우 왼쪽 배럴

이 오른쪽 배럴보다 더 많다. 이렇게 하면 우리는 이 두 가지 분포를 구별할 수 있다.

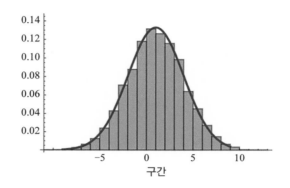

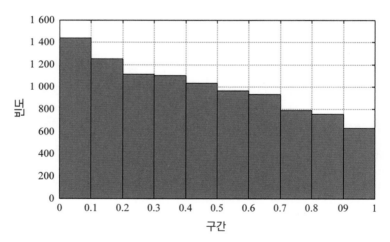

위 그래프는 정규 분포의 확률 밀도 곡선이고, 아래 그래프는 지수 분포의 확률 밀도 곡선이다. 표본 난수가 세로 방향의 각 기둥 모양의 '배럴(통)'에 떨어지는 수를 조사함으로써 이 두 가지 무작위 분포를 구별할 수 있다.

배럴 테스트는 이미 상당히 정확한 테스트이지만 이 정확도는 배럴의 분할 밀도와 관련이 있다. 어떻게 나누든지 간에 유한의 많은 통으로 나눌 수 있고, 아니면 아주 작은 값이 존재하여 당신의 알고리즘이 어떤 통의 좁은 범위 내에서 왜곡되게 만들 수 있다. 그래서 난수에 대한 최종 테스트가 하나 더 있다. 바로 콜모고로프 스미르노프 검정Kolmogorov-Smirnov test, 줄여서 'KS 검정'이라고 한다.

이 검정의 기본 개념은 표본의 확률 누적 함수의 그래프를 그린 후, 이론상 경험적 확률 누적 함수 그래프와 비교하는 것이다. 때로는 두 세트의 검정 표본을 취하여 두 개의 확률 누적 함수 그래프를 그려서 서로 비교한다. 확률 누적 함수는 함숫값이 0에서 1로 변하는 곡선으로 확률 밀도 함수를 적분한 함수 그래프이다. 함수가 구체적으로 어떻게 정의되든 간에 계산이 정확하다면 비록 항상 약간의 오차는 있겠지만 확률 누적 함수 그래프는 경험적 확률 누적 함수 그래프에 비교적 가깝다고 할 수 있다.

KS 검정은 특정 수직선에서 실험 결과의 함수 그래프와 이론상 그래프의 최대 차이를 취한다. 만약 이 차이가 미리 설정된 어떤 한계치만큼 크거나, 이 차이가 현저하다면 난수 알고리즘에 문제가 있는지 고려해야 한다. 물론 이렇게 쉽게 말하긴 하지만 실제 이 테스트는 상당히 복잡한 수학적 근거가 있다. 이 최대 오차가 발생할 확률이 얼마나 되는지, 또는 실행 공간 내에서 이 오차가 어느 범위여야 하는지 정량적으로 알려줄 수 있다.

KS 검정은 이미 상당히 우수하며 또한 일부 변형 테스트가 있는데, 예를 들어 샤피로-윌크 검정Shapiro-Wilk test과 앤더슨-달링 검정Anderson-Daring test으로 각각은 장단점이 있지만 여기서는 자세한 언급을 하지 않겠다.

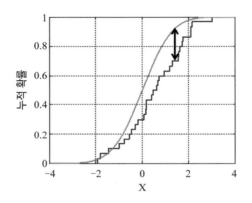

KS 검정을 나타내는 그래프 개형으로 빨간색은 이론 확률 누적 곡선, 파란색은 실제 테스트된 난수의 누적 곡선이다. 두 그래프 사이의 최대 격차, 즉 검은색 화살표 위치를 고찰하면 난수 생성기의 신뢰성을 검사하는 데 활용할 수 있다.

난수 검정에 관해서는 기본적으로 위와 같은 수단들이 있다. 흥미롭게도 위와 같은 테스트를 통과할 수 있는 난수 알고리즘은 반드시 안전하다고 할 수 없으며, 엄격한 암호화가 필요한 영역에서의 난수 생성에 반드시 사용될 수 있는 것도 아니다. 일부 매우 안전하다고 입증된 난수 알고리즘이라도 매번 배럴 테스트와 KS 검정을 통과할 수 있다는 보장도 없다. 이는 난수 자체가 불확실성이 있어야 하기 때문으로 만약 모든 난수가 테스트를 100% 통과할 수 있다면, 그것은 무작위가 아닐 것이다. 이것이 난수의 미묘하고 흥미로운 점이다.

앞에서 난수 검정에 대해 알아보았다. 여기서는 컴퓨터를 사용하여 난수를 생성하는 방법에 대해 설명하려고 한다. 흔히 컴퓨터의 난수 생성 알고리즘을 가짜 난수 생성 알고리즘 또는 결정식 난수 생성기[DRBG]라고 하는데, 이는 한 자리 이진수 0 또는 1을 50%의 확률로 생성할 수 있다는 뜻이다. 왜 이런 알고리즘은 모두 이진수 생성기일까? 그 이유는 평소 균일 분포의 난수를 사용하는 경우가 가장 많고, 균일 분포의 난수가 있으면 다른 분포로 변환하는 것도 비교적 간단하기 때문이다. 컴퓨터의 내부 정보는 모두 이진수로 저장되며, 컴퓨터 내부의 부동 소수점 수가 소수점 아래 32자리 이후라면 32자리의 무작위 이진수를 대량으로 생성할 수 있으며, 일종의 난수 자원으로도 사용할 수 있다.

그렇다면 왜 '가짜 난수 생성 알고리즘'이라고 할까? 굳이 '가짜'를 붙인 이유가 궁금하다. 그 이유는 앞에서도 언급한 '진짜' 난수의 요구 사항을 충족하지 못하기 때문이다. 우리가 사용하는 컴퓨터에서 '진짜' 난수 생성 알고리즘은 영원히 있을 수 없는데, 그 이유는 현재 컴퓨터가 수행하는 프로그램이 모두 정확하게 사전에 입력된 명령에 따라 실행되며 어떠한 불확정성도 존재하지 않기 때문이다.

한편 실제 운용에서는 난수에 대한 요구가 그렇게 높지 않다.

단지 다음과 같은 내용만 확인하면 된다.

상당히 오랜 역사를 가지는 난수에 근거하는 것으로 당대 주류의 계산 능력으로는 불가능하며, 상당 기간 후에 난수에 대한 추측의 성공 또는 실패 확률과 0.5 사이에 '무시할 수 있는' 차이가 발생한다는 것이 확인된다면, 이러한 난수는 적합하다.

위의 정의에서 적합한 가짜 난수 생성 알고리즘의 조건은 동적이고 발전할 수 있다는 것을 알 수 있다. 알고리즘은 기술과 계산력이 발전함에 따라 합격에서 불합격으로 바뀔 수도 있다.

이후 구체적인 알고리즘 예에서도 모든 가짜 난수 생성 알고리즘에는 '주기'가 있다는 것이 확인된다. 이 알고리즘은 매우 많은 난수를 출력한 후, 다시 이전의 출력 모드로 돌아가 자신의 출력을 반복하기 시작한다. 이것이 '가짜' 난수라고 불리는 또 다른 이유이다. 다만 이 주기는 매우 길기 때문에 우리는 어떤 소프트웨어가 작동될 동안 이러한 주기의 발생을 관찰할 가능성은 낮다.

그러나 주기가 있기 때문에 알고리즘이 항상 고정된 초기 상태에서 임의로 난수를 생성하도록 할 수 없다. 그렇지 않으면 난수가 다시 생성될 때마다 동일한 숫자에서 출력이 시작되어야 하기 때문이다. 그래서 시드seed 값이 필요한데, 주기 중 어느 위치부터 난수가 발생하는지를 결정한다. 이 점은 프로그래밍을 할 줄 아는 이들에게는 매우 익숙한 것으로 처음 프로그래밍에서 난수를 사용하여 함수를 생성하는 사람은 모두 시드를 초기화하지 않으면 시스템의 난수 함수가 항상 같은 수를 생성한다는 것을 알게 된다.

그래서 여기에 곤란함이 생긴다. 즉, 난수를 생성하기 위해서는 먼저 시드가 될 난수가 필요하다. 엄격하지 않은 경우에 종종 현재 시스템 시간의 밀리초(㎳)를 시드 값으로 사용하지만, 보안에 대한 요구가 높은 일부의 경우에는 더 복잡한 방법을 사용하여 시드 값을 생산하기도 한다.

놀랍게도 컴퓨터가 발명된 후 오랫동안 사람들이 사용한 난수 생성 알고리즘은 매우 조잡했다. 컴퓨터가 처음 발명된 1940년대에 폰 노이만은 제곱수를 이용하여 난수를 생성했다. 예를 들어, 1234와 같이 네 자릿수를 시드 값으로 취하면 그 제곱은 1522756이다. 이 수의 가장 왼쪽에 0을 1개 채워 01522756으로 바꾼 다음, 가운데 4개의 숫자를 난수로 출력하면 5227이다. 그런 다음 5227에 대해 다시 제곱을 구하고 가운데 4개의 숫자를 취하여 이와 같은 방법을 반복한다.

이 알고리즘에 문제가 있다는 것은 바로 알 수 있다. 앞자리 숫자만 봐도 다음에 출력될 수를 예상할 수 있어 시드 값과 상관없으니 어떻게 난수라고 할 수 있겠는가?

폰 노이만과 초기 컴퓨터

하지만 폰 노이만은 이런 난수는 속도가 빠르고 필요한 자원도 적으며, 또한 반복성이 있어 오차를 쉽게 나타낼 수 있으므로 자신의 요구에 부합한다고 생각했다. 만약 종이에 구멍을 내는 도구와 같은 다른 하드웨어 장치를 사용하여 난수를 생성한다면 속도가 너무 느리고 소모되는 자원도 너무 클 것이다. 아울러 그는 너무 복잡한 수학적 방법으로 '난수'를 만든다면 숨겨진 오류는 본인이 해결할 수 있는 문제보다 더 많을 수 있다고 지적했다.

폰 노이만의 알고리즘이 다양한 경우에 난수 조건을 충족시킬 수 없다는 것은 분명하다. 1960년대부터 사람들은 일반적으로 난수를 생성하기 위해 '선형합동법'Linear Congrential Generator, LCG이라는 간단한 알고리즘을 사용했다.

$$(ax + c) \bmod(m)$$

이것은 나머지를 난수로 하고, 그다음 난수는 이전 나머지를 x로 하여 다음 나머지를 반복해서 계산한다. 심지어 여기서 c는 0을 취할 수 있는데, 그렇다면 ax를 m으로 나눈 나머지를 구하면 된다. 예를 들어, $a=2$, $m=17$을 취하고 시드수를 1로 두고 $2x$를 17로 나눈 나머지를 반복 계산하면 처음 10개의 나머지는 다음과 같다.

$$2, 4, 8, 16, 15, 13, 9, 1, 2, 4$$

이 숫자는 이미 난수처럼 보이지 않는가? 실제 사용 시 각 나머지를 이진수로 변환하여 순차적으로 출력할 수 있다. 하지만 이는 곧 반복 주기에 진입하는데, 그 주된 이유는 c값이 너무 작기 때문이다.

표준 LCG 알고리즘에 대한 반복 공식은 다음과 같다.

$$X_{n+1} = (aX_n + c)\bmod(m)$$

$a = 742938285$, $m = 2^{31}-1$(이 수는 메르센 소수로 32자리 이진수 이내이므로 활용도가 높다), $c = 0$, 시드 값을 20210531(또는 좋아하는 임의의 날짜로 해도 좋다)로 두고 확인해 볼 수 있다. 위의 공식과 프로그램에 따라 결과를 몇 개 반복해서 출력(이진수로 출력하는 것이 더 좋다)하여 충분히 랜덤인지 알아보자.

LCG 알고리즘의 장점은 간단하고 효율적이라는 것이다. 공식에서 m의 값이 충분히 크면 출력 주기를 매우 길게 만들 수 있으며, 앞서 언급한 거의 모든 통계학적 테스트를 통과할 수 있다. 이런 이유로 이 알고리즘은 등장하자마자 널리 사용되었다. 지금까지 Java언어 표준 라이브러리의 랜덤 함수는 여전히 LCG 알고리즘을 사용하고 있으며, 여기서 나누는 수 m은 2^{48}으로 컴퓨터가 2의 제곱꼴로 나누는 계산은 자리 위치만 바꾸면 되기 때문에 가장 빠르다. 또한 $a = 25214903917$, $c = 11$이다. 매번 반복할 때마다 나머지는 모두 출력되지 않고 이진수로 변환되고, 거꾸로 47자리에서 16자리까지 출력된다. 높은 자리 숫자는 순환 주기가 짧아질 수 있고 낮은 자리만 출력하면 통계학적 테스트를 더 잘 통과할 수 있다.

Java 언어에서 LCG 난수 생성 함수 소스 코드

```
synchronized protected int next (int bits)  {
    seed = (seed * 0x5DEECE66DL + 0xBL) & ((1L << 48) − 1);
    return (int) (seed >>> (48 − bits));
}
```

LCG 알고리즘은 1960년대부터 현재까지 그 우수성을 충분히 보여주고 있지만, 단점도 있다. 세 수 a, c, m의 선택에 매우 유의해야 하는데 잘못 선택하면 문제가 발생할 수 있다. 유명한 예로 1960년대 IBM이 사용했던 RANDU라는 LCG 알고리즘은 $65538 \times x \bmod 2^{31}$을 사용하였다. 이 숫자는 그렇게 좋아 보이지 않지만 출력은 매우 랜덤한 것으로 보였다.

1963년에 어떤 사람은 간단한 연산을 통해 연속적으로 반복되는 3개 항의 나머지 사이에 간단한 뺄셈 관계가 있다는 것을 발견하였다.

$$x_{k+2} = 6x_{k+1} - 9x_k$$

이 알고리즘은 통계학적으로 완전히 실패하였다. IBM은 후대의 기계에서 매개변수를 수정하였으나, 많은 사람이 알지 못하거나 개의치 않고 계속 사용하였다. 그 결과, 1970년대에는 이 알고리즘을 사용해 나온 많은 연구 결과가 신뢰할 수 없는 것으로 여겨졌다. RANDU 알고리즘은 1990년대 초반에서야 폐기된 것으로 추정되는데, 난수를 생성할 수 있을 것 같지만 사실 매우 신뢰할 수 없는 예로 남겨졌다. 이는 난수 알고리즘을 사용할 수 있는지 여부는 눈으로 보고 판별할 수 있는 것이 아니라, 매우 전문적인 방법과 소프트웨어를 활용하여 검정해야 함을 알려준다. 또한 엄격한 암호화가 필요한 상황에서는 LCG 알고리즘을 사용할 수 없다는 점에 유의해야 한다. 왜냐하면 누군가가 원한다면 LCG 알고리즘의 과거 출력에서 시드 값을 역추적할 수 있기 때문이다.

이미 알고 있는 a, b, c와 $ax+4$를 c로 나눈 나머지에서 x를 구해 보자.

이 문제는 다항식 알고리즘으로 해결할 수 있다. 그래서 암호화가 필요한 경우에는 LCG 알고리즘을 사용하여 난수를 발생시킬 수 없고, 뒤에 언급할 '암호학적 보안' 알고리즘을 사용해야 한다.

1997년 두 명의 일본 연구자가 '메르센 트위스터Mersenne twister 알고리즘'이라는 난수 생성 방법을 발명했다. 여기서 '메르센'은 '메르센 소수'를 뜻하는데, 그 주기가 바로 큰 메르센 소수이기 때문이다. 이 알고리즘은 LCG 알고리즘에 비해 주기가 매우 길고 통계적 지표가 LCG보다 우수하다는 것이 장점이다. 따라서 현재 GNU 라이브러리, PHP, Python, Ruby 등 주류 운영체제 및 프로그래밍 언어에 널리 사용되고 있다. 다만 암호학적으로 안전한 것은 아니며, 누군가 충분한 출력을 얻으면 사용된 시드수를 계산할 수 있다. 게다가 '암호학적 보안'의 난수 생성 알고리즘에 대해 말하기 위해서 '암호학적 보안'이 무엇인지 정의해야 한다. 앞서 소개한 알고리즘이 '안전하지 않은' 이유는 역사적 데이터를 관찰해 사용된 시드 값을 추측할 수 있고 이후 생성되는 난수의 목적을 예측할 수 있기 때문이다.

다시 말해 '암호학적 보안'의 난수 생성 알고리즘은 당신에게 상당한 역사적 데이터를 주고 당신도 매우 강력한 컴퓨터를 가지고 있더라도 충분한 시간 내에(예를 들어 1년 동안) 내가 미래에 생성할 난수 추측에 대해 어떠한 '무시할 수 없는' 향상을 만들어낼 수 없다는 것을 확신한다.

여기서 '상당히 많은', '매우 강한', '충분한', '무시할 수 없는' 등은 모두 변량으로, 우리는 이러한 변량에 대한 정확한 숫자 정의가 필요하지 않다. 이 변량들이 최종 알고리즘의 품질을 측정하는 데 사용될 수 있다는 것만 알면 된다. 안전성에 대한 요구 사항이 있는 경우 필요에 따라 이러한 변량에 값을 지정할 수 있다. 알고리즘이 우리가 정의한 이 값들에 도달할 수 있다면, 이 알고리즘은 적합한 상황에 사용될 수 있다.

수학자에게 알고리즘을 해독하는 것과 상당히 어려운 수학 문제를 푸는 것은 같은 문제이다. 즉, 만약 당신이 이 난수 알고리즘을 풀 수 있다면, 이것은 매우 어려운 수학 문제를 푸는 것과 같다.

마찬가지로 이와 같은 알고리즘을 해독할 수 있는 사람이 있을 수도 있지만, 비밀에 부쳐 이 능력을 이용하여 이익을 얻거나 혹은 자신의 목적을 달성할 수도 있다. 예컨대 『다빈치 코드』의 저자 댄 브라운은 또 다른 소설 『디지털 포트리스Digital Fortress』를 썼는데 그 내용은 정부가 슈퍼컴퓨터와 알고리즘을 비밀리에 개발해 현재 온라인 주류 암호화 알고리즘이 암호화한 정보를 복호화하여 수많은 인터넷상의 비밀 통신을 감시할 수 있게 한다는 것이다. 물론 이는 소설의 설정일 뿐, 현재로서는 누군가가 난수를 해독하는 어떤 슈퍼 알고리즘을 손에 넣었다는 증거는 없다.

암호학적 보안 난수 생성 알고리즘에 대해 예를 하나 들어보겠다. 3명의 발명자 이름의 이니셜을 딴 'B.B.S$^{\text{Best-Buddies Similarity}}$ 알고리즘'이 있다. 이 알고리즘의 안전성은 수학에서 '2차 잉여 문제'에 의존한다.

$$x^2\text{을 어떤 수로 나눈 나머지를 구하시오.}$$

B.B.S 알고리즘에서 이 나눗셈은 두 개의 큰 소수를 곱한 것이다. x^2을 어떤 큰 수로 나눈 나머지를 계산하는 것은 아주 간단하지만, 그것의 역연산(어떤 큰 수로 나누면 정확히 어떤 나머지가 되는 완전 제곱수 구하기)은 매우 어렵다. 알고리즘에는 다른 세부 사항들이 있지만, 전반적으로 '2차 잉여 문제'의 난이도에 의존하여 알고리즘의 안전성을 확보한다. 암호학적 보안 알고리즘은 '안전'하지만, 어떠한 경우에도 이러한 알고리즘을 사용할 필요가 전혀 없다. 왜냐하면 이는 앞의 LCG나 메르센 트위스터 알고리즘보다 훨씬 느리고 더 많은 메모리 자원을 소비하기 때문이다. 따라서 일반 응용 프로그램에서는 암호학적 보안 알고리즘이 전혀 필요하지 않다.

뿐만 아니라, 암호학적 보안 알고리즘이 필요할 때도 신중하게 선택해야 한다. 2013년 마이크로소프트의 두 연구원은 미국 국가

안보국^{NSA}이 추천한 암호학적 보안 난수 알고리즘^{Dual_EC_DRBG}의 매개변수에 취약점이 있다는 내용의 논문을 발표했다. 알고리즘 자체에는 문제가 없지만, NSA가 권장하는 초기화 변수를 신중하게 선택하면서 이 알고리즘에 약점이 생겼다. NSA가 권장하는 변수를 사용하면 생성된 난수가 NSA에 의해 계산될 수 있는 것이다. 이것은 소설 『디지털 포트리스』속의 줄거리와 매우 흡사한 것으로 현실에서 실제로 일어난 것은 실로 놀라운 장면이다.

이상 난수 생성 알고리즘에 대해 알아보았다. 사실 난수 생성 알고리즘의 요점은 시드 값이 어떻게 생성되는가이다. 앞서 말한 바와 같이, 시드 값은 알고리즘이 그 주기의 어느 위치부터 난수열을 생성할지 결정한다. 알고리즘이 두 번 출력한 시드 값이 같거나 너무 가까우면 출력이 금방 중복되는데, 이것은 우리가 원하는 것이 아니다. 따라서 난수 알고리즘을 시작하기 위해서는 난수가 필요한데, 이것이 바로 시드이다. 그러나 이 시드는 더 이상 가짜 난수 알고리즘에 의존할 수 없다. 그 이유는 죽은 순환이기 때문이다.

앞서 설명한 바와 같이 많은 경우 시스템 시간의 밀리초(㎳) 수를 시드 값으로 사용할 수 있다. 그러나 어떤 경우에는 이것이 충분히 랜덤하지 않고 중복될 확률이 너무 크다. 그러면 컴퓨터가 수집할 수 있는 '랜덤' 상황 또는 '엔트로피' 같은 수치를 수집해야 한다. 일반적인 방법은 사용자가 원하는 대로 키보드를 몇 번 두드리고 마우스를 몇 번 움직이게 하여 최근 키보드를 두 번 두드린 시간 간격, 마우스가 이동한 거리, CPU의 온도, 마이크에 들어오는 소음 등을 체크해 보는 것이다. 모바일에서 프로그램이 실행되면 핸드폰이 놓인 각도도 확인할 수 있다. 요컨대, 수집할 수 있는 다양한 잡음 데이터를 수집하고 이를 알고리즘으로 혼합한 시드 값이 가장 '랜덤'하고 예측이 어려워 보인다.

어떤 소프트웨어는 보안을 위해 몇 개의 랜덤 비트를 생성한 후 하나의 피드를 다시 생성하여 한 번 리셋하도록 규정한다. 리눅스^{Linux} 운영 체계에는 /dev/random과 /dev/urandom라는 두 개의 난수 생성기가 있다. 그중 /dev/random은 멈추지 않고 계속 시드를 재설정해야 한다. 만약 잡음이 충분히 많이 수집되지 않으면, 멈추고 충분한 잡음(즉, '엔트로피')을 수집한 후에야 계속할 수 있다. 다행히 대부분의 경우 차단되지 않는 또 다른 난수 생성기를 충분히 사용할 수 있다.

마지막으로 다소 과장된 것처럼 보이지만 실제로 사용 중인 물리적 시드 값 생성 장치인 '라바 램프^{Lava Lamp}'를 소개하려고 한다. 라바 램프의 외형은 약간 모래시계 같지만, 안에는 암석이 아니라 두 가지 다른 색의 액체로, 이 두 액체의 비중은 비슷하지만 서로 용해되지는 않는다. 그래서 이 라바 램프 속의 액체는 끊임없이 변동하는데, 예를 들면, 한 가지 색깔의 액체가 위로 굴러 올라가거나 두 덩어리로 갈라지거나 가라앉는 것과 같다. 이런 변화는 보기에 완전히 랜덤이다. 물리학에서는 이것을 '브라운 운동'이라고 설명한다.

이 라바 램프는 1990년대 SGI사가 최초로 발명했으며 특허도 등록했다. 1997~2001년 이 라바 램프로 시드 값을 잠깐 생산한 회사가 있었으나 상용화에 성공하지 못하고 금세 포기했다.

지난 2009년 설립된 샌프란시스코 소재 클라우드플레어 Cloundflare라는 회사는 이 라바 램프를 재사용했다. 본 사업에서 중요한 부분 중 하나는 고객에게 웹사이트가 필요로 하는 SSL 인증서를 제공하는 것이다. 현재 웹사이트를 방문할 때 브라우저는 항상 이 웹사이트에 문제가 있고 인증서를 신뢰하지 않는 등 SSL 인증서가 작동한다는 것을 알려준다. SSL 인증서를 생성하려면 난수를 생성해야 하고 난수를 생성하려면 시드 값을 써야 한다. 클라우드플레어Cloudflare는 라바 램프로 시드 값을 생성했다. 수십 개의 라바 램프로 벽을 가득 채운 뒤 하나의 카메라로 벽을 계속 촬영하는 방식이다.

라바 램프가 쉴 새 없이 바뀌기 때문에 카메라에 찍히는 화면도 쉴 새 없이 변하는 게 분명하고 카메라 촬영 자체에도 잡음이 있어 온도, 습도 변화가 촬영에 영향을 준다. 이러한 잡음이 결합되어 카메라에 찍힌 화면을 이진수로 저장하는데, 그 결과는 예측하기 어려운 것이 사실이다. 그들은 세계 각기 다른 세 나라에 라바 램프를 설치했는데, 3개의 사무실에서 생성된 난수를 결합하여 섞은 후 최후에 사용된 시드 값이 필요했다.

난수 생성에 이용된 일련의 라바 램프

난수를 생산하기 위해 이렇게 많은 사람을 동원하는 것은 좀 과장됐다고 생각하는가? 그런데 이런 라바 램프가 서비스를 하고 있다. 게다가 현재 인터넷에서는 트래픽의 약 10%가 클라우드플레어에서 만든 SSL 인증서를 사용하고 있어 탁상공론은 아니다.

소프트웨어와 관련된 난수 생성 알고리즘에 대해 알아보았다. 안전하고 신뢰할 수 있는 난수를 생성하는 것이 의외로 어렵고 거의 모든 것을 다 쓰는 지경에 이르렀다는 생각이 든다.

그렇다면 하드웨어 난수 생성기가 있을까? 물론 있다. 예를 들면, 복권 추첨용 뽑기 기계가 바로 그 예이며, 앞서 말한 라바 램프도 여기에 해당된다. 만약 컴퓨터에 동전 던지기 장치를 내장할 수 있다면, 그것도 하드웨어 난수 생성기이다. 환경 잡음을 더 많이 이용할 수 있는 하드웨어의 우수성을 활용한, 역사적으로 다양한 컴퓨터에서 사용할 수 있는 하드웨어 난수 생성기가 있었지만, 효율이 낮고 난수의 신뢰성을 검증할 수 없었다.

복권 추첨 기계는 하드웨어 난수 생성기이다.

현재 어떤 사람들은 전기회로의 순간 잡음, 입자의 붕괴 시간, 광자가 반투명 유리를 통과할 확률 등과 같은 양자의 다양한 랜덤 속성을 사용하여 난수를 생성하는 것을 연구하고 있다. 이러한 양자의 움직임은 현재 사람들이 생각하는 '진정한 랜덤'에 가장 가까운 자연 현상이다. 만약 양자의 난수를 사용하여 생성된 난수가 있다면, 그것은 가장 안전하고 '진짜' 난수에 가까운 난수일 것이다.

Let's play with MATH together

만약 당신이 균일한 동전을 가지고 있다면 어떻게 이 동전으로 3명이 동전 던지기 게임을 할 수 있을까?
만약 당신이 불균일한 동전을 가지고 있다면, 어떻게 이 동전으로 2명이 공평하게 동전 던지기 놀이를 할 수 있을까?

제2장

은밀하고 위대한 숫자

3차원에서 조화로운 비율

'황금비黃金比, Golden Ratio'는 모두에게 친숙한 상수이다.

$$\varphi = \frac{1+\sqrt{5}}{2}$$

수학에는 황금비와 관련이 있지만 잘 알려지지 않은 '플라스틱 수Plastic Number'가 있다. 이 숫자의 정의는 간단하다. 방정식 $x^3 = x+1$의 유일한 실근으로 약 1.3247(또는 $\frac{4}{3}$)이다. 삼차 방정식의 근의 공식을 이용하면 플라스틱 수는 다음과 같이 표현된다.

$$\sqrt[3]{\frac{1}{2}+\frac{1}{6}\sqrt{\frac{23}{3}}} + \sqrt[3]{\frac{1}{2}-\frac{1}{6}\sqrt{\frac{23}{3}}}$$

이 숫자의 정의가 황금비와 좀 비슷하다고 생각했을 것이다. 황금비는 이차방정식 $x^2 = x+1$의 해이며 플라스틱 수는 이 방정식의 좌변 항의 차수를 제곱에서 세제곱으로 바꾼 것이다.

그렇다면 이 둘 사이에 연관성이 있을까? 짐작대로 확실히 관계가 있다. 우선 플라스틱 수에 대해서 먼저 알아보자.

1924년 프랑스 엔지니어 제라르 콜도니Gérard Cordonnier는 이 숫자를 전문적으로 연구한 적이 있다. 당시 17세였던 그는 이 수를 '복사수$^{the\ radiant\ number}$'라고 명명했다. 한편 4년 후, 24세의 네덜란드 건축가 한스 반 데어 란$^{Hans\ van\ der\ Laan}$은 자연계에 있는 이 수의 속성과 건축 미학에서의 응용에 대해 발표하면서 이 숫자를 '플라스틱 수'라고 명명했다.

이것은 뜻밖의 크로스오버 사건이었다. $x^3 = x + 1$과 같은 방정식은 수학자에게 있어서 이미 많이 연구되었고, 사람들도 이 방정식의 실수해가 가지는 몇몇 특별한 성질을 알고 있었다. 그러나 이 건축가는 연구를 통해 이 숫자가 자연계에서 약간의 미학적 함의가 있다는 것을 발견하였다. 그래서 사람들은 반 데어 란이 붙인 '플라스틱 수'라는 이름을 받아들였다. 반 데어 란은 플라스틱 수는 아름답고 더 중요한 것은 '명료함^{clarity}'이라고 결론지었다. 반 데어 란의 발견은 우리가 현실 속 물체를 어떻게 느껴야 하는지, 그리고 그것들을 어떻게 분류할 것인지에 대한 두 가지 질문에서 시작된다.

첫 번째 질문을 보자. 다음과 같이 제시된 크기가 다른 정사각형 20개가 있다. 이 중 한 변의 길이가 가장 작은 것은 5이고, 가장 큰 것은 25로 가장 작은 변의 5배이다. 이 정사각형들이 어떤 것들은 변의 길이가 '작은' 편에 속하고, 어떤 것들은 '큰' 편에 속하도록 당신의 첫 번째 감각이 자동적으로 분류하는지 살펴보자.

정사각형의 크기가 조금씩 차이가 나기 때문에 엄격하게 대, 소를 분류할 수는 없지만, 당신의 뇌는 계속해서 분류를 시도할 것이다.

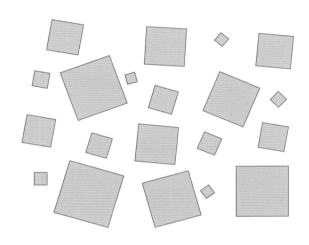

반 데어 란은 다음과 같은 질문을 던졌다.

두 물체의 길이가 a, b ($a > b$)일 때, $a : b$의 값이 얼마가 되면 우리의 뇌는 그것을 두 부류로 분류할까? 즉, a와 b가 어느 정도 차이가 나면 당신의 뇌는 그 차이가 충분하다고 느끼기 때문에 두 부류로 나눈다.

두 번째 질문은 '수박장수'로 설명할 수 있다. 만약 수박을 무게에 따라 파는 것이 아니라 수량에 따라 판다면, 수박장수는 반드시 비슷한 크기의 수박을 함께 놓고 가격을 표시해야 한다. 수박의 크기가 너무 차이가 나면 안 된다. 그렇지 않으면 고객은 모두 큰 것을 고를 것이기 때문이다. 여기서 문제는 두 수박의 크기 차이가 어떤 범위 내에 있어야 사람들이 그 크기가 비슷하다고 생각할까에 대한 내용이다. 즉, 만약 당신이 수박 장수라면, 당신은 어느 정도 차이가 나더라도 하나의 범위 안에 있는 수박을 함께 놓을 것이며, 고객이 그것을 고른다고 해도 그것들의 차이를 그다지 신경 쓰지 않을 것이다.

이 두 문제는 보기에 모두 '과학'이 아니라 심리학 문제처럼 느껴질 수 있다. 건축가 반 데어 란은 사람들에게 이런 실험을 했고, 통계 결과를 도출하였다.

첫 번째 질문에 대한 답은 약 $\frac{4}{3}$이고, 두 번째 질문에 대한 답은 약 $\frac{1}{7}$이다. 즉, 두 물체의 길이의 비율이 $\frac{4}{3}$ 이상이 되면, 당신의 뇌는 그것들을 두 부류로 나눌 것이다. 그리고 두 물체의 크기 차이가 $\frac{1}{7}$ 이내이면 당신은 그들 사이의 크기 차이를 무시하는 경향이 있다.

이 두 숫자는 보기에 약간 모순되는 것 같지만, 사실 그것들은 다른 장면에서도 나타난다. $\frac{4}{3}$라는 숫자는 많은 물체를 크기별로 빠르게 분류해야 할 때 나타나고, $\frac{1}{7}$이라는 숫자는 두 물체의 크기를 구분해야 할 때 나타난다. 두 개의 상황이 다르기 때문에 결코 모순되지 않는다.

반 데어 란은 이 두 숫자가 황금비의 확장에서 유래했다고 지적했다. 우리는 황금비의 정의를 다음과 같이 알고 있다.

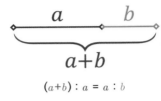

$$(a+b) : a = a : b$$

황금비의 기하학적 정의

하나의 선분을 두 부분으로 나눈다. 선분의 전체 길이와 긴 부분의 길이 비율을 긴 부분과 짧은 부분의 길이 비율과 같도록 할 때, 이 비율은 약 1.618, 즉 황금비이다.

이제 조금 확장해서 한 선분에 두 점을 표시해서 길이가 다른 세 부분으로 나누는 것을 생각해 보자. 이렇게 두 개의 점과 선분의 두 끝점을 합하면 모두 네 개의 점이 된다. 그중에서 임의로 두 점을 취하면 6가지의 서로 다른 길이 조합을 얻는다. 여섯 종류의 선분을 길이가 가장 긴 것부터 가장 짧은 것으로 배열하고, 인접한 두 부분의 길이 사이의 비율이 모두 같도록 하면 선분 위에 두 점을 어디에 찍어야 하며, 그 비율은 얼마가 될까?

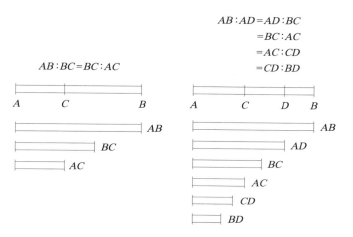

한 선분에서 두 점을 취하여 6가지의 서로 다른 길이의 선분을 얻어 인접한 길이의 두 선분의 길이 비가 같도록 하는데, 이 비율이 바로 플라스틱 수이다.

이 비율 문제의 답은 '플라스틱 수'로 약 $\frac{4}{3}$이다. 그렇다면 $\frac{1}{7}$은 어떻게 확인할까? 플라스틱 수의 일곱 제곱은 7에 가깝고 그 역수는 $\frac{1}{7}$이다.

$$1.32471795^7 = 7.15919$$

즉, 플라스틱 수의 비율에 따라 선분의 길이를 7회 계속 늘리면 길이가 원래의 7배에 가깝고 원래 길이는 $\frac{1}{7}$이 된다.

선분 위에 세 개의 점을 찍으면 어떻게 될까? 같은 방법으로 하나의 상수를 얻을 수 있다는 것을 발견할 수 있다. 점을 4개, 5개,

6개 찍어도 마찬가지다. 반 데어 란은 하나의 선분을 n개의 점으로 나누고, 분할된 선분 사이의 비율을 앞의 예처럼 '조화' 상태로 만들려면 이 비율이 방정식 $x^n = x + 1$을 만족시킨다는 것을 발견했다. $n = 2$이면 황금비, $n = 3$이면 플라스틱 수이다.

 $n > 3$인 경우에도 1과 2 사이의 실수해를 구할 수 있으며, n의 값이 클수록 비율이 작아진다. 반 데어 란은 이 수열의 n번째 수를 'n차원 공간의 조화수'라고 부른다. 인간은 3차원 공간에서 생활하기 때문에 $n > 3$ 이후의 조화수를 느낄 수 없지만, $n = 2$일 때 황금비가 주는 아름다움, $n = 3$일 때 플라스틱 수가 주는 조화와 명료함은 느낄 수 있다.

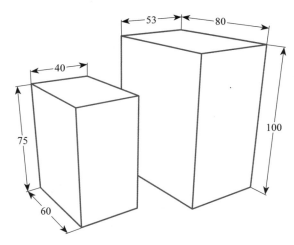

가로, 세로, 높이의 비율이 플라스틱 수에 가까운 직육면체는 아름다운가?

가로와 세로의 비율이 서로 다른 직사각형에서 가장 아름다운 것을 찾아내는 실험을 한 결과, 사람들은 모두 가로와 세로의 비율이 황금비에 가까운 것을 선택했다. 이 결과에 따라 반 데어 란은 사람들이 가로, 세로, 높이가 서로 다른 다양한 직육면체 중에서 가장 아름다운 것을 선택하게 한다면 플라스틱 수 비율에 맞는 직육면체를 가장 많이 선택할 것이라고 생각했다. 그리고 그는 자신의 건축 설계에서 이 비율을 사용했다.

반 데어 란이 디자인한 성 베네딕투스베르그^{St. Benedictusberg} 수도원 성당은 플라스틱 수를 활용하였다.

왜 플라스틱 수라고 부를까? 이치대로라면 '황금비黃金比' 다음은 '백은비白銀比'가 아닐까. 하지만 이미 '백은비'로 불리는 또 다른 숫자가 있다. 이 숫자는 3차원 세계에서 작용하는 것으로 플라스틱은 당시 새로운 재료였으며 3차원에서의 변형이 편리한 것이 특징이었기 때문에 반 데어 란은 이를 '플라스틱 수'라고 명명했다. 이후 오래지 않아 어떤 이가 '플라스틱 수'를 '실버 수silver number'라고 불렀다.

플라스틱 수는 심리학과 미학상의 일부 성질 때문에 붙여진 이름이지만, 수학적 성질도 있다. 먼저 플라스틱 수는 '페랭 수열 Perrin Sequence'과 '파도반 수열Padovan Sequence'의 인접한 항 사이의 '비율의 극한'이다. 페랭 수열과 파도반 수열의 정의는 피보나치 수열과 매우 유사하다. 피보나치 수열은 현재 항이 앞의 두 항의 합인 반면, 페랭 수열과 파도반 수열은 바로 앞의 항을 건너뛴 앞 두 항의 합을 취한다. 즉, $a_n = a_{n-2} + a_{n-3}$이다.

페랭 수열과 파도반 수열은 모두 다음과 같은 점화 관계를 가진다.

$$a_n = a_{n-2} + a_{n-3}$$

페랭 수열 3, 0, 2, 3, 2, 5, 5, 7, 10, 12, 17, 22, 29, 39, …
파도반 수열 1, 1, 1, 2, 2, 3, 4, 5, 7, 9, 12, 16, 21, 28, …

페랭 수열과 파도반 수열은 시작하는 몇 개의 항에 의해 구별된다. 피보나치 수열에서 연속하는 두 항 사이의 비율의 극한은 황금비이고, 페랭 수열과 파도반 수열의 연속하는 두 항 사이의 비는 플라스틱 수인데, 여기서도 플라스틱 수와 황금비의 관계를 알 수 있다.

플라스틱 수의 또 다른 성질은 '피솟-비자야라가브한 수$^{Pisot\text{-}Vijayaraghavan\ number}$(피솟 수)' 중 가장 작은 수라는 것이다. '피솟 수'는 모두 무리수이지만, 이 수의 어떤 거듭제곱의 결과는 정수에 매우 근접한다. 예를 들어, $3 + \sqrt{10}$은 피솟 수이며, 여섯 제곱의 결과는 정수에 매우 가깝고 이것은 피솟 수의 성질이다.

$$(3 + \sqrt{10})^6 = 54757.9999817\cdots$$

특이할 만한 것은 플라스틱 수와 음계의 연관성을 분석한 결과, 플라스틱 수가 12음계 평균율의 음계와도 연관이 있는 것으로 나타났다.

또한 1과 10 사이의 정수를 생각하도록 하는 유명한 실험이 있는데, $\frac{2}{3}$ 이상의 사람들이 숫자 7을 가장 먼저 생각한다고 한다. 이 또한 '플라스틱 수'와 관련이 있지 않을까 하는 추측을 해 보았다. 여러분도 주변에 어떤 상황이 플라스틱 수와 관련될 수 있는지 생각해 보길 바란다.

흥미로운 숫자 163

숫자 '163'의 첫인상은 어떤가? 163이라는 숫자는 수학에서 특별한 성질을 가지고 있다.

1975년 4월, 미국의 과학 작가 마틴 가드너는 「사이언티픽 아메리칸Scientific American」지의 칼럼에서 수학자가 숫자 $e^{\pi\sqrt{163}}$이 정수라는 것을 발견했다고 주장했다. 물론 이는 만우절 농담이었지만, 분명한 사실은 어떤 정수에 매우 가까운 숫자라는 것이다.

$$e^{\pi\sqrt{163}} = 262537412640768743.99999999999925\cdots$$

소수점 아래에 12개의 9가 있다. 그리고 163을 다른 자연수로 바꾼다고 해서 결과가 정수에 더 가까워지는 것은 아니라는 것을 증명할 수 있다. 이 결론과 직결되는 문제를 '가우스류수 문제Gauss class number problem'라고 하는데, 이 문제의 역사는 매우 길다(아래 소개에서는 많은 문제의 세부 사항이 복잡하여 일일이 자세히 설명하지 못하므로 주요 맥락에 주목해서 보길 바란다).

1772년, 오일러는 다항식 $x^2 - x + 41$이 매우 많은 소수를 생성할 수 있다는 것을 발견하였다. $x = 1, 2, \cdots, 40$일 때 모두 소수임이 확인되었다. 만약 $x^2 - x + a$꼴이 합성수라면 인수분해하여 $x^2 - x + a = (x - m)(x - n)$으로 표현할 수 있다. $x^2 - x + a = 0$은 두 근을 가지고 판별식은 $(-1)^2-4a=1-4a$이다. 이 식에서 $a=41$을 대입하면 판별식의 값은 -163임이 확인된다. 따라서 여기서 41은 163과 매우 관련이 있다. 게다가 a를 다른 정수로 바꾸면 41보다 더 많은 소수를 생성하지 못한다. 이것은 오랜 시간에 걸쳐 증명되었다.

이후 가우스는 위와 같은 문제의 일반화 문제를 고려하여 다음 형식으로 표현된 다항식을 어떤 정수로 나타낼 수 있다고 하였다.

$$ax^2+2bxy+cy^2 (단, a, b, c는 양의 정수)$$

가우스는 b^2-ac의 값이 위 다항식에서 정수의 성질을 결정한다는 것을 발견하고 이를 '판별식'이라고 불렀다.

일반적으로 다음과 같은 2차 다항식에서 생각한다.

$$ax^2+bxy+cy^2$$

위 식에서 판별식은 $D=b^2-4ac$(확실히 이차방정식의 판별식과 똑같으니, 그것과의 관계를 이해해야 한다)이다. 가우스는 서로 다른 D값에 따라 위의 다항식 종류의 수가 결정됨을 발견하였고, 이를 $h(D)$ 즉, '류수'라고 하였다. 류수에 대한 직관적인 이해는 이차 수체Quadratic field $Q(\sqrt{D})$에서 정수의 인수분해를 결정한다는 것이다. $Q(\sqrt{D})$란 무엇일까? 쉽게 말해 유리수 집합 Q에 원소

$\sqrt{D}$를 추가한 후 얻게 되는, 덧셈과 곱셈에 대해 닫힌 연산을 의미한다.

예를 들어, 유리수에 $i = \sqrt{-1}$을 추가하면 집합이 얻어지는데 집합의 원소는 $a + bi$꼴(단, a, b는 유리수)이다. 이런 집합은 덧셈과 곱셈 연산에 대해 닫혀있다는 것을 확인할 수 있다. 비슷한 방법으로, 임의의 $\sqrt{D}$를 추가할 수 있고 덧셈과 곱셈을 사용하여 '연산의 닫힘성'을 유지하면서 집합을 확장할 수 있는데 이를 '확대체 extension field'라고 한다. 주의할 것은 여기서 D는 근호($\sqrt{}$) 안의 값이며 제곱수가 아니다. 즉, D의 인수분해에서 어떤 소수의 제곱을 포함하지 않는다. 예를 들어 D는 ±4, ±8, ±9가 될 수 없다.

이런 확대체에서 우리는 먼저 정수를 정의해야 하고 그런 다음 그것의 소인수 분해 문제를 생각할 수 있다. 이런 체field에서 정수를 '대수적 정수algerbraic interger'라고 하며, 이것은 반드시 $x^2 + bx + c$(단, b, c는 정수)의 근이 된다.

이 식에서 차수가 가장 큰 항(x^2)의 계수는 1이기 때문에 '최고차항의 계수가 1인 정수 계수 이차 다항식'이라고 한다. $a + bi$는 방정식 $x^2 - 2ax + a^2 + b^2 = 0$의 근이므로 가우스 정수는 체 $Q(\sqrt{-1})$에서 정수이다.

체 $Q(\sqrt{D})$에서 정수는 '$a + b\sqrt{D}$(단, a, b는 정수)'꼴로 나타날 것 같지만 몇 가지 예외가 있다. 예를 들어 $Q(\sqrt{5})$에서 $\frac{1}{2}(1 + \sqrt{5})$는 다음과 같은 정수 계수 방정식의 근이다.

$$\left(x - \frac{1+\sqrt{5}}{2} \right)\left(x - \frac{1-\sqrt{5}}{2} \right)$$

$$= x^2 - \left(\frac{1+\sqrt{5}}{2} + \frac{1-\sqrt{5}}{2} \right)x + \frac{(1+\sqrt{5})(1-\sqrt{5})}{4}$$

$$= x^2 - x - 1$$

$\frac{1}{2}(1+\sqrt{5})$는 방정식 $x^2 - x - 1 = 0$의 근이므로, $\frac{1}{2}(1+\sqrt{5})$는 대수적 정수이다. 위의 유도 과정으로부터 알 수 있듯이, D를 4로 나눈 나머지가 1일 때, $\frac{1}{2}(1+\sqrt{5})$ 형식의 수는 대수적 정수이다. 따라서 대수적 정수가 서로 다른 D값일 때, 정수 꼴은 다음과 같다.

$$a + b\sqrt{D} \qquad D \equiv 2, 3 \text{ (mod 4)}$$

$$a + b\left(\frac{1+\sqrt{D}}{2} \right) \qquad D \equiv 1 \text{ (mod 4)}$$

어쨌든 가우스는 류수 $h(D)$가 $Q(\sqrt{D})$에서 '정수'를 결정한다는 것을 발견했다. $Q(\sqrt{D})$는 유일하게 인수 분해될까? $h(D)=1$일 때만 유일하게 인수 분해되고 그렇지 않으면 성립하지 않는다. 예를 들어, $h(-5) \neq 1$인 경우 $Q(\sqrt{-5})$에서는 유일한 인수분해 특성을 갖지 않는다.

$$6 = 2 \times 3 = (1 + \sqrt{-5})(1 - \sqrt{-5})$$

그러나 D에 따라 $h(D)$의 값을 계산하고 증명하는 것은 매우 어렵다. 가우스는 1801년 출간된 『산술 연구』에서 류수 $h(D)$에 대한 일련의 추측을 제시한다. 이 책에는 신기한 표가 있다. 가우스는 자연수를 (추측한) 분류에 따라 나눴는데, 당시 막 나타난 생물학적 분류 방법을 사용하였다. 그는 '강'과 '속'이라는 두 단어를 사용하였고, '속'의 수준은 '강'보다 높으며, '속'과 '강'의 대상은 모두 자연수이다.

속	강/속	D < 0
1	1	1,2,3,4,7
1	3	11,19,23,27,31,43,67,163
1	5	47,79,103,127
1	7	71,151,223,343,463,487
⋮	⋮	⋮
16	1	840,1320,1365,1848

가우스의 책에 제시된 류수표

가우스의 류수 정의와 현대의 정의에는 차이가 있다. 위 표의 값과 현대의 류수 값은 같지 않다. 가우스가 제시한 추측을 현대적으로 표현하면 다음과 같다.

$D > 0$일 때, $h(D)=1$인 D가 무수히 많이 존재한다.

이 추측은 현재 '실수 이차 수체에서 류수 1인 문제'라고 불리는데, $D > 0$일 때 체에서 원소는 실수이기 때문이다. 이 추측은 매우 어려워서 지금까지도 증명되지 않았다.

$D < 0$일 때 D는 음의 무한대로 $h(D)$의 값은 무한히 큰 값으로 가는 경향이 있다. 이 문제는 $D < 0$일 때 정의역에 허수가 포함되기 때문에 '복소 이차 수체에서 류수 문제'라고 한다. 이 추측도 지금까지 완전히 증명되지 않았다. 가우스는 또한 특정 류수에 대한 추측을 제시했는데, 그중 가장 유명한 것은 '$D < 0$일 때, 유한개의 D만이 $h(D) = 1$'이며 아래의 9가지 수이다.

$$-1, -2, -3, -7, -11, -19, -43, -67, -163$$

가우스는 이 숫자들을 어떻게 찾아냈는지 밝히지 않은 채, 책에서 "이런 결론들을 증명하는 것은 매우 어려운 것 같다."라고 밝혔다. 몇 년이 지난 뒤 그의 추측은 마침내 증명되었다. 이후 류수 문제에 관한 첫 번째 돌파구는 1918년 독일의 수학자 에리히 헤케Erich Hecke(1887~1947)가 증명한 것으로 만약 리만 가설이 성립한다면 가우스의 두 번째 추측이 성립된다. 즉, D는 음의 무한대로 $h(D)$의 값은 무한히 큰 값으로 가는 경향이 있다는 것이다. 1934년에 이르러 영국 수학자 모델Louis J. Mordell(1888~1972)과 독일 수학자 한스 하일브론Hans Heilbronn(1908~1975)은 리만 가설이 성립하지 않더라도 가우스의 두 번째 추측이 성립한다는 것을 증명하였다.

리만 가설이 성립하지 않더라도 가우스의 추측은 성립하기 때문에 가우스의 두 번째 추측은 증명되었고, 현재는 '에리히 헤커-모델-하일브론 정리'라고 불린다. 이것은 아마도 수학 증명에서 유례가 없는 경우인데, 증명 방식은 다음과 같다.

A가 성립하면 B가 성립하고, A가 성립하지 않더라도 B는 성립한다. 따라서 B는 항상 성립하지만, 우리는 A가 성립하는지 아닌지를 모른다.

위의 결론을 위의 세 번째 추측에 적용한 것은 $D < 0$일 때 류수가 무한대인 경향이 있음을 의미하므로 류수가 1인 유한개의 D만 존재함을 알 수 있다. 반면 하일브론과 수학자 린포드는 1934년에 류수가 1이 되도록 하는 음의 정수 D가 최대 10개임을 증명했다. 또한 그들은 가우스가 추측한 9개의 값이 모두 맞음을 확인했다.

이 문제는 다시 '류수가 1이 되도록 하는 열 번째 음의 정수가 있는가'로 변형되었다. 여기에는 드라마틱한 이야기가 있다. 1952년 60세의 독일 전기 엔지니어 쿠르트 헤그너$^{Kurt Heegner}$가 10번째 정수 D가 존재하지 않는다는 것을 증명한 논문을 발표했다. 즉, 위의 9개의 정수가 류수를 1로 하는 모든 음의 정수라는 것은 복소수 체에서 류수가 1인 문제를 해결한 것과 같다. 하지만 그가 전기 엔지니어라는 이유로 그의 논문은 그다지 중요하게 여겨지지 않았다. 게다가 일부 수학자들이 그의 논문에서 약간의 명백한 허점을 발견했기 때문에 수학자들은 그의 증명이 성립되지 않는다고 생각했다.

14년이 흐른 1967년 영국의 앨런 베이커$^{Alan\ Baker}$와 미국의 헤롤드 스타크$^{Harold\ Stark}$는 류수 1인 문제를 완전하게 증명하였다. 그들은 10번째 정수가 존재하지 않는다는 것을 증명하고, 수학자들의 평가를 통과하였다. 두 사람은 이후 필즈상을 받았다.

스타크는 그 후 헤그너의 증명서를 심사할 때, 헤그너 증명의 전체적인 사고방식이 무척 훌륭하다는 것을 알고 놀라워했다. 비록 약간의 빈틈이 있긴 했지만 모두 충분히 보충할 수 있는 것이며, 또한 그의 사고가 자신의 것과 매우 닮았다고 생각했다. 1968년과 1969년, 또 다른 수학자와 스타크는 차례로 헤그너 증명에 대한 '수정'을 제시하여 빈틈없는 증명이 되도록 했다.

1969년 헤그너가 죽은 지 4년이 지난 후, 사람들은 그를 기리기 위해 류수 1인 문제의 증명을 '스타크-헤그너 정리'라고 불렀으며, 허수 이차 수체에서 유일 인수분해되는 9개 (절댓값을 취한) 수를 '헤그너 수$^{Heegner\ number}$'라고 명명하였다.

$$1, 2, 3, 7, 11, 19, 43, 67, 163$$

따라서 163이 가장 큰 헤그너 수이다. 스타크는 한 사람의 영예가 죽은 후에야 얻을 수 있다는 것은 매우 유감스러운 일이라고 말했다. 다행히 수학계에서는 아마추어 수학자 헤그너에게 약간의 보상을 해 주었다.

그렇다면, 163이라는 숫자의 특별한 의미는 여기서 분명해졌다. 즉, 체 $Q(\sqrt{D})$에서 류수 $h(D)=1$을 만족하는 $D<0$인 경우에 $D=-163$이 가장 작은 수이다. 이는 $Q(\sqrt{-163})$에서 유일한 인수 분해 정리가 여전히 성립된다는 의미이기도 하다.

$h(D)=1$인 D는 $e^{\pi\sqrt{-D}}$을 정수에 매우 가깝도록 한다(물론, 아래의 식에서 744라는 숫자의 출현도 의미가 있지만, 여기서는 자세히 언급하지 않겠다).

$$e^{\pi\sqrt{19}} \fallingdotseq 96^3 + 744 - 0.22$$
$$e^{\pi\sqrt{43}} \fallingdotseq 960^3 + 744 - 0.00022$$
$$e^{\pi\sqrt{67}} \fallingdotseq 5280^3 + 744 - 0.0000013$$
$$e^{\pi\sqrt{163}} \fallingdotseq 640320^3 + 744 - 0.00000000000075$$

$e^{\pi\sqrt{163}}$의 특성은 1859년 수학자 에르미트$^{Charles\ Hermite}$에 의해 처음 발견되었다. 그런데 이 숫자의 스타일이 인도의 전설적인 수학자 라마누잔의 것과 너무 흡사하다고 해서 '라마누잔 상수'라고 불렀다. 복소수체에서 류수 문제는 계속 발전하여 1971년에 스타

크와 베이커는 $h(D)=2$를 만족하는 음의 정수 D가 8개임을 각각 독립적으로 증명하였다. 1985년 오스탈리[Oesterle]는 $h(D)=3$의 문제를 해결, 2004년 왓킨스[Watkins]는 $h(D) \leq 100$인 모든 상황을 해결했다.

이에 비해 실수체에서의 류수 문제 연구는 더디다. 현재 $h(D)=1$이 되도록 하는 무수히 많은 양의 정수 D가 존재하는지의 여부는 알려져 있지 않다. 물론 삼차체, 사차체에서 류수 문제 등 수론 영역은 실로 헤아릴 수 없을 정도로 깊다.

Let's play with MATH together

$D=-3$일 때 $h(-3)=1$이므로, $Q\sqrt{-3}$ 의 인수분해는 유일하다.

그런데 $4=2 \times 2 = (1+\sqrt{-3})(1-\sqrt{-3})$이다. 무엇이 문제일까?

왜 수직선은 연속일까?

'왜 실수는 수직선에 일대일로 대응할까? 왜 실수는 연속이어서 수직선을 완전히 채울 수 있는 걸까? 왜 유리수만으로 수직선을 채울 수 없을까? 왜 유리수는 불연속적일까?'

위의 이러한 문제들은 모두 매우 좋은 질문이다. 역사적으로 고대 그리스인들은 일찍이 '무리수'의 존재에 놀란 적이 있는데, 피타고라스와 그의 추종자들은 두 정수의 비로 나타낼 수 없는 수가 존재한다는 생각을 도저히 받아들일 수 없었다.

이 일련의 질문에 대답하려면, 우리는 먼저 실수가 무엇인지 분명히 해야 한다.

어떤 수의 집합이 '연속'이라고 할 때, 이 '연속'은 무슨 의미일까? 이 질문에 대해 생각해야만 왜 실수가 연속인지 논의할 수 있다.

무엇이 실수일까? 중학교 때 배운 대로 실수는 유리수와 무리수 전체이다. 그렇다면 무리수는 무엇일까? 교과서에서 무리수는 순환하지 않는 무한소수라고 설명한다.

하지만 이런 설명은 무리수의 정의로서 뭔가 불편하다. 이 정의에 '무한'이라는, 수학자가 애써 피하고 싶은 단어가 들어 있기 때문이다. 만약 우리가 이 설명대로 무리수를 정의한다면, 어떤 수가 무리수라는 것을 어떻게 증명할 수 있을까?

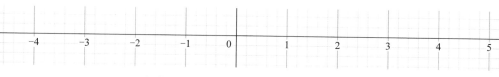

수직선 위의 점과 실수는 일대일 대응한다.

소수를 끝없이 펼쳐야 할까? 그러나 아무리 펼쳐도 우리는 유한한 자리만 쓸 수 있을 뿐이니 소수 부분이 영원히 순환되지 않는다는 것을 어떻게 확실하게 증명하겠는가?

무리수에 관한 정의를 '두 정수의 비로 나타낼 수 없는 수'라고 표현할 수 있을까? 이 정의는 이전의 것보다 조금 더 나아 보이고 우리가 무리수를 이해하기 쉽지만, 불편한 이유는 이 문장이 '부정문'이기 때문이다. 우리는 일반적으로 개념을 정의하기 위해 긍정문이 필요하며 'xxx는 xxx가 아닌 것이다'라고 표현하지 않는다. 부정문의 단점은 허수단위인 'i'와 같이 개념의 정의가 명확하지 않다는 것인데, 두 정수의 비로 나타낼 수 없다면 그것은 무리수인가? 요컨대 '두 정수의 비로 나타낼 수 없다'고 하면서 유리수만 제외시켰을 뿐, 어떤 범위 내에서 이를 제외할 것인지는 정의되지 않았으므로 이것 역시 부적절하다.

이는 결코 내가 트집을 잡는 것이 아니다. 이와 같은 유리수와 무리수에 관한 고찰은 고대 그리스 시대부터 19세기까지 계속되었다. 심지어 19세기까지도 무리수의 존재를 인정하지 않았던 독일의 수학자 크로네커Kronecker는 '신은 정수를 창조하였고 나머지는 모두 사람이 만들었다'는 명언을 남겼다.

그러나 나는 그의 억지스러운 의심을 이해할 수 있다. 자연수부터 시작해서 사칙연산을 이용하면 수를 쉽게 자연수에서 유리수로 확장할 수 있기 때문이다. 그러나 수를 유리수에서 실수로 확장하는 것은 너무 부자연스럽고 어려운 일이다. 수학자들도 물론 이 문제를 인식하였기 때문에, 19세기에 일부 수학자들은 '유리수로부터 실수를 정의하는 방법'을 진지하게 고려하기 시작했는데, 몇몇 수학자들이 해답을 주었다. 그중에서도 특히 칸토어와 찰스 메레가 사용한 '코시 수열법'과 '데데킨트 절단법'이 가장 잘 받아들여졌다. 데데킨트 절단법이 매우 형상적이기 때문에 데데킨트 절단법에 대해 중점적으로 말하려고 한다.

데데킨트는 19세기 독일의 수학자이자 가우스의 제자이다. 그가 실수의 공리화 정의 문제를 고민하기 시작한 것은 1858년 27세 무렵이다. 1872년 그는 「연속과 무리수」라는 장문의 논문을 발표하였다. 논문에서 그가 어떻게 실수를 정의하는지 알아보자.

먼저 데데킨트가 염두해 둔 첫 번째 문제는 바로 유리수의 성질이었다. 그는 세 가지 유리수의 기본 성질을 열거했다.

첫째, 세 유리수 a, b, c에 대하여 $a > b$, $b > c$라면 $a > c$이다. 이를 유리수의 '순서성'이라고 한다.

둘째, 두 유리수 a, b에 대하여 $a < b$이면 a보다 크고 b보다

작은 무한히 많은 유리수가 존재한다. 즉, 임의의 두 개의 서로 다른 유리수 사이에 무한히 많은 유리수가 존재하는데 이를 '조밀성'이라고 하며 이것도 직관적이다.

셋째, 유리수 a가 주어지면, 우리는 전체 유리수를 정확히 두 집합 {a보다 작은 유리수}와 {a보다 큰 유리수}로 나눌 수 있다. a는 첫 번째 또는 두 번째 집합에 포함될 수 있는데 우리는 a를 두 번째 집합에 포함시킬 것이다. 그리고 첫 번째 집합을 '좌집합', 두 번째 집합을 '우집합'이라고 하겠다. 어떤 사람들은 '하집합', '상집합'이라고 부르기도 하는데 그 본질은 변하지 않는다. 위의 정의에 따르면, 좌집합의 수가 우집합의 수보다 항상 작다는 것을 확인할 수 있다. 그리고 a가 정해지면 모든 유리수는 누락도 중복도 없이 좌집합 또는 우집합에 속한다.

데데킨트는 이 세 가지 유리수의 성질을 이야기한 뒤 유리수와 직선의 점의 대응을 고민하기 시작했다. 만약 어떤 직선 위에 두 개의 점이 있다면 오른쪽의 점을 '왼쪽의 점보다 크다'라고 한다. 그 직선상의 점들도 분명히 상술한 두 가지 성질, 즉 순서성과 조밀성에 부합한다.

세 번째 성질에 대하여 직선 위의 점도 이와 같이 나눌 수 있다. 즉, 직선상에서 a를 나타내는 위치를 찾은 다음 이 부분을 '잘라' 직선을 끊을 수 있다. 그 왼쪽에 좌집합, 오른쪽에 우집합이 있는데 이를 '데데킨트 절단법'이라고 한다. 직선상의 점은 유리수의 세 가지 성질에 부합한다. 그렇다면 유리수가 직선 위의 모든 점을 나타낼 수 있다는 것을 말하는가? 무리수의 존재로 인해 우리는 답이 '아니다'라는 것을 알고 있다. 직선 위의 점들은 유리수가 충족하지 못하는 성질이 있기 때문에 이를 증명할 필요가 있다.

데데킨트는 유리수가 직선 위의 점으로 연속성을 만족시키지 못하는 것을 증명해야 했다. 즉, 유리수가 불연속적이라는 증명이 필요했다. 데데킨트는 매우 직관적인 예로 증명하였는데 숫자 2를 취하여 유리수를 {제곱한 후 2보다 작은 양의 유리수와 음의 유리수 전체}와 {제곱한 후 2보다 큰 양의 유리수}의 두 집합으로 나누는 분할을 고려하였다. 왜 '$\sqrt{2}$보다 작은 유리수'와 '$\sqrt{2}$보다 큰 유리수'로 표현하지 않았느냐고 물을 수도 있는데, 이 논의에서는 아직 무리수라는 개념이 없기 때문에 루트($\sqrt{}$)로 표시된 수의 정의가 없고, 모든 논의는 유리수에 근거해서만 할 수 있기 때문에 $\sqrt{2}$를 언급할 수 없다.

그런 다음, 데데킨트는 위와 같은 분할 상황에서 우집합의 최소 원소가 유리수일 수 없고, 즉 그 절단점이 유리수일 수 없다는 것을 증명하였다. 물론, 그의 증명이 $\sqrt{2}$가 '두 정수의 비로 나타낼 수 없다'는 것을 보인 것은 아니다. 그는 실제 증명에서 반증법을 사용했다. 만약 어떤 유리수의 제곱이 2라면 좌집합에 최대 원소가 없고 우집합에 최소원소가 없다는 것이 되어 이는 모순이다. 따라서 유리수의 제곱이 2일 수 없는 것은 즉, 그 분할점이 유리수가 아니며, 유리수는 연속되지 않는다는 것을 의미한다.

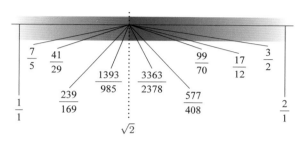

유리수의 분할은 무리수 $\sqrt{2}$를 정의한다. 파란색과 빨간색 부분이 모두 유리수이다.

데데킨트의 '어떤 분할점이 존재해서 생성된 수는 유리수가 아니다'라는 증명

D를 제곱수가 아닌 양의 정수라고 하자. '분할'은 다음과 같이 정의한다.

$$A_1 := \{a \in Q \mid a^2 < D \text{ 또는 } a < 0\}$$
$$A_2 := \{a \in Q \mid a^2 \geq D \text{ 또는 } a \geq 0\}$$

즉, (A_1, A_2)는 유리수의 분할로 구성되는데, 아래에 반증법으로 이 분할에 의해 생성되는 수는 유리수가 아님을 증명한다.

이 분할이 유리수를 생성하는 경우, 분할의 연속성에 따라 A_1에 최대 원소(유리수)가 존재하거나 A_2에 최소 원소(유리수)가 존재한다. 먼저 A_2의 최소 원소가 D가 아니라는 것을 반증법을 이용하여 보이려고 한다.

D가 완전제곱수가 아니기 때문에, 어떤 정수 λ가 존재하여 다음을 만족한다.

$$\lambda^2 < D < (\lambda + 1)^2$$

양의 정수 t, u에 대하여 $\left(\dfrac{t}{u}\right)^2 = D$ 즉, $t^2 - Du^2 = 0$인 유리수 $\dfrac{t}{u}$가 존재한다고 하고 t, u는 이 성질을 만족하는 가장 작은 값 즉, $\dfrac{t}{u}$는 기약분수라고 하자.

$\lambda u < t < (\lambda + 1)u$에서 $u' = t - \lambda u < u$는 양의 정수, $t' = Du - \lambda t$도 양의 정수이면,

$t'^2 - Du'^2 = (\lambda^2 - D)(t^2 - Du^2) = 0$ 즉, $\left(\dfrac{t'}{u'}\right)^2 = D$이다.

이것은 $\dfrac{t}{u}$는 기약분수라는 것에 모순이다.

따라서, 임의의 유리수 x에 대하여, $x < D$ 또는 $x > D$이다.

그러나 이와 같은 y에 대하여 $y = \dfrac{x(x^2 + 3D)}{3x^2 + D}$ 즉,

$$y - x = \dfrac{2x(D - x^2)}{3x^2 + D}$$

$$y^2 - D = \dfrac{(x^2 - D)^3}{(3x^2 + D)^2}$$

이다.

$x < D$이면 $y > x$이므로 $y^2 < D$이고,

$x > D$이면 $y < x$, $y > 0$이므로 $y^2 > D$임을 알 수 있다.

이는 A_1에 최대 원소(유리수)가 존재하거나 A_2에 최소 원소(유리수)가 존재한다는 가정에 모순이다. 따라서 분할(A_1, A_2)에 의해 생성된 수는 유리수가 아니다.

데데킨트가 정말로 표현하고 싶었던 것은 '분할점이 유리수가 아닐 때, 그 수를 '실수'라고 정의하면, 각각의 실수는 위에서 어떤 '유리수'에 대한 분할에 대응한다. 즉, '좌집합'과 '우집합' 한 쌍으로 유일한 '실수'에 대응한다'이다.

이 정의가 중요한 것은 그것이 유리수의 정의에 근거하여 나온 것으로 더 많은 전제를 사용하지 않는다는 것이다. 그리고 분할의 정의에 따르면, 우리는 분할된 실수가 자연적으로 순서성과 조밀성을 가지고 있음을 알 수 있다. 그리고 그것의 정의는 직선 위의 점과 대응한다는 것을 증명한다. 왜냐하면 실수는 직선의 임의의 위치에 대한 분할로 인해 발생하므로 당연히 수직선에 대응되기 때문이다. 이런 '연속'을 '데데킨트 완비성'이라고 한다.

이제 새로운 문제가 생겼는데, 실수를 분할 또는 한 쌍의 집합이라고 한다면 어떻게 실수에 대해 사칙연산을 할 수 있느냐 하는 것이다. 위 실수의 정의를 사용하여 실수의 가감승제를 정의해야 한다. 다행히도 유리수의 가감승제는 이미 정의가 되어 있다. 그렇다면 유리수의 연산을 기초로 하여 실수의 정의와 결합하여 실수의 가감승제를 정의할 수 있다.

앞에서 말한 바와 같이 좌집합과 우집합은 하나의 실수에 대응한다. 좌집합이 확정되어서 우집합도 유일하게 확정되었으니 실수는 좌집합으로 표현하겠다. 지금부터 실수 하나가 집합이라는 것을 기억해야 한다. 이제 실수 A와 B의 덧셈을 정의하는데, 여기서 A와 B는 두 개의 집합이고 두 개의 분할된 좌집합에 대응한다. $A+B$는 다음과 같은 집합이다.

$$A + B = \{a + b \mid a \in A \text{ 이고 } b \in B\}$$

이 정의는 약간 추상적으로 보인다. 예를 들어, $1+\sqrt{2}$를 정의해야 한다면 1은 $A = \{a \mid 1$보다 작은 모든 유리수$\}$이고 $\sqrt{2}$는 $B = \{b \mid \sqrt{2}$보다 작은 모든 유리수$\}$로 표현된 집합이다. $1+\sqrt{2}$도 이와 같은 집합으로 표현할 수 있는데 위의 A, B 집합에 대하여 각각 하나의 원소를 취하여 더한 결과는 새로운 집합의 원소이며, 모든 가능한 조합을 한 번 고려한 결과로 이루어진 집합은 분할된 어떤 집합의 좌집합으로, 대응하는 실수는 $1+\sqrt{2}$이다.

위와 같이 정의된 집합은 $1+\sqrt{2}$라는 실수의 위치를 잘라낸 좌집합이므로 위 정의는 합리적이다.

여러분은 틀림없이 뺄셈(곱셈과 나눗셈의 정의는 비교적 난이도가 높음)의 정의를 알고 싶어할 것이다. 나는 그것이 괜찮은 사고 문제라고 생각하므로 스스로 생각해 볼 것을 권한다. 정의 방식에서는 유리수의 사칙연산만을 사용할 수 있으며, 조작의 대상과 결과는 모두 집합이어야 하며, 좌집합의 성질에 부합해야 함을 기억하길 바란다.

지금까지 우리는 완전하게 유리수로 실수 집합을 도출해냈다. 그리고 실수의 연속성을 확보했다. 앞서 언급한 코시 수열법과 같이 유리수에서 실수를 구성할 수 있는 몇 가지 다른 방법이 있다. 여러 가지 방법에는 장단점이 있지만 본질은 모두 실수의 공리화 정의를 확고히 하기 위한 것이다. 한 가지 재미있는 관찰은 수학자는 먼저 실수를 정의한 후에, 실수 안에 많은 수가 유리수가 아니라는 것을 발견하고 실수에서 유리수가 아닌 수를 무리수라고 부른다. 이것은 교과서의 정의 순서와 반대인데 인간의 인지 순서는 무리수의 존재를 먼저 의식하고 나서야 유리수가 수의 전부가 아님을 알아채어 유리수로 수직선을 완전히 채울 수 없다는 것을 알았다.

여기에서 실수 정의를 이야기하는 과정에서 나의 가장 큰 소감은 숫자 개념은 정말 우리가 생각하는 것처럼 그렇게 간단하지 않다는 것이다. 실수와 같은 개념은 약 2천 년이 지나서야 비로소 약간의 정확한 정의를 갖게 되었다. 그 과정에서 수많은 사람이 무리수라는 강적을 만나 여러 가지 당혹감과 논쟁을 일으키며 이야기가 상당히 풍성해졌다. 비록 교과서에서 무리수를 순환하지 않는 무한소수로 정의하여 단숨에 지나갔지만, 그 이면에는 수천 년의 시간이 지나서야 비로소 우리가 아무런 근심 없이 실수를 사용할 수 있게 된 것과 선인들의 심혈을 기울여 얻은 성과가 있었다.

Let's play with MATH together

어떻게 좌집합의 개념으로 실수의 뺄셈을 정의할까?

무리수는 무리수와 다르다?

무리수의 개념은 중학교 때 배운 적이 있어 익숙하게 느껴질 것이다. 한편, 모든 초월수는 무리수이지만, 어떤 무리수는 초월수가 아니다.

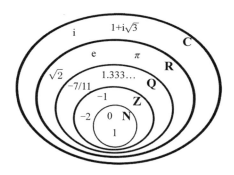

수 체계의 확장 구조도, 안에서부터 순서대로 자연수, 정수, 유리수, 실수, 복소수이다.

우리는 왜 '초월수'를 정의해야 할까? 이 질문에 대한 대답을 위해 무리수부터 이야기를 시작해야 한다. 무리수에는 $\sqrt{2}$, $\sqrt{3}$, e, π와 같은 상수가 있다. 그런데 $\sqrt{2}$, $\sqrt{3}$이 e, π와 조금 다르다는 것을 느껴본 적이 있는가? 만약 무리수를 다시 분류한다면, $\sqrt{2}$, $\sqrt{3}$을 한 부류, e와 π를 또 다른 부류로 나눌 수 있다.

그렇다면 두 부류의 차이는 무엇일까?

분명한 차이는 다음과 같은 문제로 나타낼 수 있다.

근이 $\sqrt{2}$인 방정식을 구하시오(단, 방정식에는 $\sqrt{2}$가 나타나지 않는다).

이 문제는 간단하게 $x^2 = 2$와 같은 방정식을 예로 들 수 있다.

$\sqrt{2}$를 $\sqrt{2} + \sqrt{3}$으로 바꿔서 근이 $\sqrt{2} + \sqrt{3}$인 방정식은 어떻게 구할까?(단, 방정식에는 $\sqrt{2} + \sqrt{3}$이 나타나지 않는다)

근이 $\sqrt{2} + \sqrt{3}$인 대수 방정식(계수가 유리수인 일원 n차 방정식)을 구하는 과정은 다음과 같다. 우선,

$$x = \sqrt{2} + \sqrt{3}$$

라고 하자. 양변을 제곱하면,

$$x^2 = 5 + 2\sqrt{6}$$

이고 이항하면,

$$x^2 - 5 = 2\sqrt{6}$$

이므로 다시 양변을 제곱하면 조건을 만족하는 방정식을 얻는다.

이제 숫자를 π로 바꾸면 어떨까? 방정식에는 π가 나타나지 않도록 근이 π인 방정식을 어떻게 구할 수 있을까? 갑자기 머리가 하얘지는가? $x^2 = \pi^2$과 같은 방정식을 생각했다면 방정식에 π가 나타나기 때문에 조건에 맞지 않다. 이제 $\sqrt{2}$와 π의 근본적인 차이가 보이는 것 같다. π는 근호와 정수의 연산으로 조합하여 표현할 수 없기 때문에 정수 계수의 대수 방정식 근이 될 수

없다. 정수 계수 대수 방정식의 정의는 다음과 같은 형식의 방정식이다.

$$a_n x^n + a_{n-1} x^{n-1} + \cdots + a_1 x + a_0 = 0$$

여기서 n은 자연수, a_n은 정수이다. 이 정의에서 a_n을 유리수로 표현해도 마찬가지다. 계수가 유리수라면 방정식에 모든 계수의 분모의 최소공배수를 곱하면 방정식이 정수 계수 방정식이 되기 때문이다. 분명한 것은 e와 π는 위와 같은 방정식의 근이 될 수 없다. 그래서 수학자는 대수 방정식의 근을 대수적 수$^{\text{algebraic number}}$라고 하고, 여기에는 모든 유리수와 여러 개의 근의 조합으로 나타낼 수 있는 무리수가 포함된다. 또한 정수 계수 대수 방정식의 근이 될 수 없는 수를 '초월수$^{\text{transcendental number}}$'라고 한다(대수적 수와 초월수는 허수인 경우에도 있지만, 이 책에서는 실수 범위에서 대수적 수와 초월수를 다룬다).

그렇다면 대수적 수와 초월수를 구분하는 것은 어떤 의미가 있을까? 수학자가 초월수를 정의한 이유가 무엇일까? '초월수' 개념은 일찍이 고대 그리스의 3대 기하학 난제 중의 하나인 '원적 문제'로 거슬러 올라간다.

자와 컴퍼스를 이용하여 주어진 원과 넓이가 같은 정사각형을 작도할 수 있을까?

주어진 원의 반지름이 1이라면 정사각형의 한 변의 길이를 $\sqrt{\pi}$로 하면 된다. 그런데 자와 컴퓨터를 이용해서 $\sqrt{\pi}$를 작도할 수 있을까? 답은 불가능이다. 하지만 이것이 불가능하다는 것을 어떻게 증명할까?

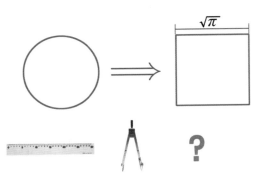

단위원(반지름의 길이가 1인 원)을 같은 면적의 정사각형으로 변환하는 것은 길이가 $\sqrt{\pi}$인 선분을 작도하는 문제이다. 수학자는 이 문제가 불가능하다는 것을 증명함으로써 약 2000여 년 전에 다루어진 '원적 문제'를 해결하였다.

'초월수' 개념의 도입 덕분에 '원적 문제'는 1882년 린드만 Lindemann 등에 의해 불가능하다는 것이 증명되었다. 린드만은 자와 컴퍼스를 이용해 작도할 수 있는 선분의 길이는 모두 대수적 수임을 증명했고, π와 $\sqrt{\pi}$는 초월수로 증명되어 '원적문제'의 해결이 불가능했다.

초월수는 의외의 성질도 있다. 수학자는 거의 모든 실수가 초월수라는 것을 발견했는데, 이것은 매우 놀랍지 않은가? 먼저 여기서 '거의'의 간단한 정의는 실수가 점점 많아질 때 그 안의 대수적 수가 차지하는 비율이 0이 되는 경향이 있다는 것이다.

'거의 모든 실수는 초월수이다'라는 말은 실수에서 초월수가 주요 부분을 차지하며 대수적 수는 초월수에 비해 무시할 수 있다는 것을 알려준다. 이 결론에 대하여 무한기수 이론을 알고 있는 독자는 이것-유리수가 셀 수 있는 집합이라는 것을 안다. 즉, 모든 유리수를 하나하나 써서 하나의 수열로 쓸 수 있는 방법이 있는데, 이 수열은 모든 유리수를 포함한다. 이렇게 하면 유리수가 셀 수 있는 것처럼 느껴져서 셀 수 있는 집합이라고 한다-을 이해할 수 있다.

또한 수학자들은 유리수를 대수적 수로 확장하면 여전히 셀 수 있다는 것을 발견했다. 대수 방정식의 수는 셀 수 있기 때문에 대수적 수는 '셀 수 있는' 집합이다. 또 실수는 셀 수 없는 집합이고 대수적 수와 초월수의 합집합이 실수라는 것을 이미 알고 있기 때문에 초월수는 자연스럽게 '셀 수 없는' 집합이라는 결론을 낼 수 있다. 따라서 거의 모든 실수는 초월수이다. 그렇다면 이것은 직관과 너무 다른 건 아닐까? 그래서 초월수 정의가 필요하다. 또한 우리가 계속 논의해 온 실수는 사실 기본적으로 모두 초월수이다.

우리는 '거의 모든 실수는 초월수'라는 것을 알고 있지만, 어떤 숫자가 초월수임을 증명하는 것은 매우 어렵다. 현재 몇 개의 숫자만이 수학자들에 의해 초월수로 증명되었다. π 외에도 수학자는 e, e^π, sin1, $2^{\sqrt{2}}$이 초월수라는 것을 증명했다. 그리고 특별한 구조를 가진 초월수도 있는데, 예를 들면, 리우빌 수^{Liouville number}이다.

$$\sum_{k=1}^{\infty} 10^{-k} = 0.1100010000000000000000001000\cdots$$

현재까지 증명된 초월수의 수는 매우 적다. 많은 수가 초월수라고 생각되지만 아직 증명되지는 않았다. 예를 들면,

$$e+\pi , \ e-\pi , \ e \times \pi , \ e/\pi , \ e^e , \ \pi^\pi$$

등이다.

'오일러-마스케로니 상수^{Euler Mascheroni constant}'와 앞서 언급한 '파이겐바움 상수^{Faigenbaum constant}'는 사람들이 초월수라고 추측하고 있지만, 아직 이 두 수가 무리수라는 것을 증명하지 못하고 있다.

이와 같이, 초월수는 많지만 신비롭다. 현재 초월수에 대한 가장 좋은 판정 정리는 '겔폰트-슈나이더 정리^{Gelfond-Schneider theorem}'이다.

만약 a가 0과 1이 아닌 대수적 수이고, β가 대수적 수이며 유리수가 아니라면 a^β은 초월수이다. 예를 들어, $\sqrt{2}^{\sqrt{2}}$는 초월수이다.

지금까지 무리수라고 해서 서로 같은 성질을 가지는 것은 아님을 설명하였는데, 그렇다면 무리수를 더욱 정교하게 분류하여 '무리^{無理}'의 정도를 측정할 수 있는 방법은 없을까? 실제로 이것을 확인한 사람이 있었다. 1932년 네덜란드 수학자 쿠르트 말러^{Kurt Mahler}(1903~1988)는 실수의 '무리성 측정'을 제시했는데, 실수가 어디까지 '무리'인지 측정하는 것으로 값의 범위가 0부터 무한대의 정수까지이다.

　　유리수의 무리성 측정값은 바로 0이다. 왜냐하면 그것은 유리^{有理}하고 조금도 무리^{無理}하지 않기 때문이다. $\sqrt{2}$와 같은 대수적 수의 무리성 측정값은 1이다. 무리수 중에서 '무리'의 정도가 가장 작다. 초월수의 무리성 측정값에서 최솟값은 2인데, 예를 들어 π의 무리성 측정값의 상한선은 현재 7.1로 알려져 있지만, 2.5보다 작을 것으로 추측한다.

　　이상으로 초월수의 개념을 간단히 소개하였다. 모든 실수는 '거의' 초월수일 정도로 초월수는 매우 많고 신비로우며 초월수로 예상되는 많은 수가 증명되지 않은 초월수이다.

정수와 정수는 거의 비슷하다?

정수는 우리가 너무나 잘 알고 있는 수학 개념이다. 그런데 정수의 일반화에 대해 생각해 본 적이 있는가? 가우스 정수는 이런 확장 중 하나이다. 가우스 정수는 소인수 분해 문제에서 시작된다.

예를 들어, 정수 5는 소수이고 복소수 범위에서 $(1+2i)(1-2i)=5$로 나타낼 수 있다. 이것은 5의 유일한 소인수분해일까? 이런 질문이 어떤 의미가 있느냐고 물을 수도 있겠지만, 수학의 많은 사물은 처음에는 무의미한 것 같은 어떤 생각으로부터 시작된다. 수학에서 질문을 대수롭지 않게 여기고 넘어간다면 발견의 가능성을 놓칠지도 모른다. 따라서 우리는 먼저 의미가 있든 없든 간에 이 소인수 분해를 계속 고려할 것이다.

우리가 해결해야 할 첫 번째 문제는 어떤 범위에서 소인수를 분해하느냐이다. 범위가 불확실하면 분해 과정이 끝이 없을 수 있다. 그래서 먼저 복소수 범위에서 '정수'와 같은 것을 찾아내야 하고 그 정수의 특성이 무엇인지 확인해야 한다. 정수끼리 더하거나 빼거나 곱해도 그 결과는 정수이지만, 정수를 정수로 나누면 정수가 아닐 수 있다. 나누는 경우, 정수의 가장 중요한 특성이 드러나는데 여기서 바로 '분수'의 개념이 등장한다.

또한 '뺄셈'은 절댓값이 같고 부호가 다른 수를 더한 것으로 볼 수도 있으므로 뺄셈은 본질적으로 덧셈이다. 위 정수의 성질에서, 정수는 덧셈과 곱셈에서 닫혀 있지만 곱셈에 대한 역연산인 나눗셈에 대해서는 닫혀 있지 않다고 정리할 수 있다. '닫혀 있다'는 연산의 결과가 여전히 미리 설정된 집합 안에 있다는 뜻이다. 그렇다면 어떻게 복소수 범위에서 부분집합을 찾아내어 그 안의 원소가 덧셈과 곱셈에 대해서는 닫혀 있지만, 나눗셈에 대해서는 닫혀 있지 않다고 생각할 수 있을까? 너무 많이 생각하지 않아도 바로 $a+bi$(단, a, b는 정수)와 같은 복소수의 부분집합을 생각할 수 있다.

만약 여러분이 이런 수를 생각할 수 있다면 '가우스 정수'를 발견한 것이다. 복소평면에서, 가우스 정수는 복소평면 위의 정수 격자점이다.

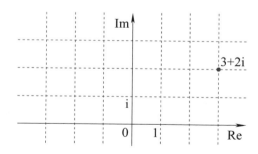

'가우스 정수'는 복소평면(x축은 실수부, y축은 허수부) 위의 정수 격자점에 위치하는 수이다.

이제 '가우스 정수'의 성질이 우리가 생각하는 정수의 성질에 맞는지 분석해 보자. 먼저 이러한 유형의 두 수의 덧셈을 고려해 보자.

$$(a+bi)+(c+di)=(a+c)+(b+d)i$$

a, b, c, d가 모두 정수이면, $a+c$, $b+d$도 정수이므로 가우스 정수는 덧셈에 대해 닫혀 있다. 또한 곱셈에 대해 닫혀 있고 나눗셈에 대해서는 닫혀 있지 않다는 것을 확인할 수 있다.

이런 이유로 가우스 정수는 '정수'가 될 수 있는 가능성을 갖게 되었다. 또한 교환법칙, 결합법칙, 분배법칙이 성립하므로 원래 정수에서 연산의 성질에도 부합한다. 이는 모두 가우스 정수를 정수처럼 보이게 한다(가우스 정수는 하나의 '환ring'을 구성한다).

정수 범위에서 소인수분해를 어떻게 해야 할지 고민하기 전에 규정을 하나 만들어야 한다. 모든 가우스 정수는 1, -1, i, $-i$로 나누어 떨어지므로 1, -1, i, $-i$를 소수도 합성수도 아니라고 규정하는데, 이들을 '단위원소'라고 부른다. 이것은 정수에서 1이 소수도 아니고 합성수도 아닌 것과 유사하다.

위의 규정으로 우리는 우선 가우스 정수에서 '인수'와 '인수분해'를 정의할 수 있다. 만약 어떤 가우스 정수 g가 있다면, g는 다른 두 가우스 정수 f와 h의 곱과 같다.

$$g = fh$$

즉, f와 h는 g의 인수라고 하며, 이 등식은 g의 인수분해이다. 앞서 '단위원소'가 존재했던 것을 감안하면 f와 h가 모두 단위원소가 아닐 때 이 분해를 '특이 분해'라고 부르는데, 우리가 주목하는 것이 바로 '특이 분해'이다.

이제 우리는 '가우스 소수'를 정의할 수 있다. 아마도 대충 짐작할 수 있겠지만, 어떤 가우스 정수에 특이 분해가 없을 때 이를 '가우스 소수'라고 부르며, 간단히 '소수'라고도 한다. 예를 들어, $5 = (2+i)(2-i)$이므로 가우스 소수가 아니다.

일련의 정의로 우리는 정수의 성질을 참고하여 많은 명제의 가우스 정수 범위에서 참과 거짓을 조사할 수 있다.

우선 일반적인 정수가 가우스 소수인지 아닌지 어떻게 판정할 수 있을까? 이것은 매우 재미있는 문제이다. 예를 들어, 소수가 가우스 소수인지 아닌지를 조사할 수 있다. 2가 $(1+i)(1-i)$로 분해될 수 있지만, 정수 3에 대해서는 더 이상 분해할 수 없다. 그래서 우리는 원래의 정수 중 일부는 가우스 소수이고 일부는 그렇지 않다는 것을 발견할 수 있다. 다행히 수학자들은 가우스 소수의 판정 정리를 찾아냈는데, 이는 두 가지 경우로 나뉜다.

만약 가우스 정수 중의 a 또는 b 중 하나가 0이라면, 즉 a 또는 b가 $4n + 3$꼴의 소수(즉, 4로 나누었을 때 나머지가 3인 소수)이며 실수 또는 순허수일 때만 가우스 소수가 된다. 예를 들어, 7을 4로 나누면 나머지가 3이 되므로 7 또는 7i는 모두 가우스 소수이다. 또한 4로 나누었을 때 나머지가 1인 소수는 $(a+bi)(a-bi)$의 꼴로 유일하게 인수분해 될 수 있으며, 여기서 $a+bi$와 $a-bi$는 모두 가우스 소수이다. 예를 들어, 5를 4로 나누면 나머지가 1이 되므로 5 또는 5i는 가우스 소수가 아니다.

$$5=(1+2i)(1-2i),\ 5i=(-2+i)(1-2i)$$

간혹 5i의 인수분해를 $i(1+2i)(1-2i)$로 쓰기도 한다. 여기서 어떤 가우스 정수의 인수분해가 몇 개의 -1, i 및 -1과 같은 단위원소를 곱하여 다른 형태로 변환될 수 있다면 인수분해는 서로 같은 것으로 간주된다는 점에 유의해야 한다.

a, b가 모두 0이 아닌 경우, a^2+b^2이 소수일 때만 $a+bi$는 가우스 소수이다. 이상의 정리의 증명은 복잡하지 않으니 여러분 스스로 생각해 보길 바란다.

다음과 같은 가우스 소수의 정의와 판정 방법을 살펴보자.

'유일한 인수분해 정리'가 여전히 성립되는가? 우리는 정수 범위에서 어떤 정수의 소인수 분해는 유일하다는 것을 알고 있는데, 이 결론을 '정수의 유일한 인수분해정리'라고 하며, '산술기본정리'라고도 한다. 가우스는 가우스 정수 또한 유일한 인수분해

정리에 부합한다는 것을 증명했는데, 이후 다른 어떤 정수에서는 유일한 인수분해 정리가 성립하지 않는다는 것을 볼 수 있다. 어쨌든 우리는 새로운 정수(가우스 정수)를 얻었다. 이것은 마치 신대륙과 같으며 기존의 정수에서 성립한 명제와 추측은 거의 모두 이 신대륙으로 옮겨 고찰할 수 있다.

예를 들어, 가우스 정수에는 (특이한) 피타고라스 수가 있을까? 즉, $a^2 + b^2 = c^2$인 a, b, c는 모두 가우스 정수이다. $(-4+i)^2 + (4+8i)^2 = (4+7i)^2$와 같은 예를 생각할 수 있다.

그렇다면 가우스 정수에서 페르마의 대정리는 어떻게 될까?

페르마의 대정리는 $x^n + y^n = z^n$와 같은 방정식에 대하여, $n \geq 3$인 경우 양의 정수해가 없다는 것이다. 하지만 가우스 정수 범위에서는 어떨까? 현재로써는 '해가 없다'. 이 문제는 어떤 이가 현상금 500달러를 걸었으니 누구든지 반례를 생각해 보길 바란다.

페르마의 대정리와 유사한 Beal 추측도 있다. 이 추측은 $a^x + b^y = c^z$ 꼴의 방정식으로 만약 세 지수 x, y, z가 모두 2보다 큰 양의 정수이고 이 방정식에 정수해가 있다면 a, b, c에는 반드시 소수인 공통인수가 존재한다. 즉, a, b, c는 서로소가 아니다.

이 추측은 정수 범위에서 매우 어렵다. 미국 수학회[AMS]는 이 추측에 대해 현상금을 걸고 있으며, 누군가 증명하거나 반례를 찾는다면 100만 달러의 상금을 받을 수 있다. 흥미롭게도 가우스 정수 범위에서 하나의 반례를 찾았는데 더 흥미로운 것은 현재 이 반례만 발견되었다는 것이다.

$$(-2+i)^3 + (-2-i)^3 = (1+i)^4$$

주의할 점은 $a^x + b^y = c^z$의 가우스 정수 a, b, c를 찾아낸 후 그 것들이 반드시 서로소임을 확인해야 한다. 그러나 가우스 정수의 서로소 여부를 밝히는 것은 그렇게 간단하지 않다.

또한 완전수(자기 자신을 제외한 모든 인수의 합이 자기 자신이 되는 수)문제가 있다. 예를 들어 6의 인수는 1, 2, 3이고 1+2+3=6이 므로 6은 완전수이다.

그렇다면 가우스 정수 중에 완전수가 있을까? 아직 그 예는 찾지 못했지만 매우 근접한 예가 있다.

$$3185 + 2912i$$

이 수의 모든 인수는,

$1, 2+3i, 3+2i, 5+12i, 7, 13, 13+2i, 14+21i, 20+43i,$

$21+14i, 35+32i, 35+84i, 39+26i, 41+166i, 91, 91+14i,$

$140+301i, 169+26i, 245+224i, 273+182i, 287+1162i,$

$455+416i, 1183+182i$

으로 모두 더하면 $3183 + 2912i$이다.

이상, 정수 범위의 3개의 명제에 관하여 가우스 정수 범위로 일반화시킨 경우에 대하여 간단히 이야기하였다. 정수에 관한 명제와 추측은 골드바흐 추측, 소수 정리, 친화수, 혼약수quasi-amicable numbers(1과 자기 자신을 제외한 인수의 합이 자기 자신이 되는 수), 완전 세제곱 수, 메르센 소수, 웨어링 문제Waring's problem 등 너무 많다. 각각의 명제를 가우스 정수 범위로 확장하는 것은 또 하나의 대단한 화두가 될 것이다.

이제 여러분은 가우스 정수에 대해 알게 되었다. 복소수 범위에서 새로운 '정수'를 정의하는 방법은 가우스 정수뿐일까? 요약하면, 내가 말하고 싶은 것은 '수학자는 많은 시도를 한다'는 것이다. '정수'와 같은 기본 개념은 일반화할 수 있는데 두 연산이 주어지고 그중 하나는 연산과 역연산에 모두 닫혀 있고 다른 하나는 연산에 닫혀 있지만 역연산은 닫혀 있지 않으면, 어떤 정수를 발명할 수 있는 좋은 기초가 된다. 그런 다음 정수에 대한 성질과 추측을 조합하여 다양한 고찰을 할 수 있다.

가우스 정수와 같은 개념을 제안한 것은 재미를 위한 것이 아니라 매우 유용하기 때문이다. 가우스는 수론에서 매우 중요한 '이차 상호 법칙Quadratic reciprocity law'을 연구하는 과정에서 가우스 정수 개념을 발명하였다. 이후 사람들은 또 각종 정수의 성질을 더욱 추상화하여 '환ring'과 '체field'라는 대수 구조를 총망라하였다.

마지막으로 2×2의 행렬 집합에서 '행렬 정수'를 정의할 수 있는지 생각해 보길 바란다. 행렬에도 덧셈과 곱셈이 있기 때문에 정수가 될 좋은 '잠재력'이 있다. 비록 행렬 곱셈에 교환 법칙은 성립하지 않지만, 정수가 반드시 곱셈의 교환법칙에 부합해야 한다고 누가 규정하였는가? 그래서 이것이 걸림돌은 아닐 것이다. 그리고 일단 '행렬 정수'를 정의하면 행렬 소수가 있는지, 유일한 인수분해 정리가 있는지, 피타고라스 수가 있는지 등의 문제를 조사할 수 있어 매우 흥미로울 것이라고 믿는다.

물론 여러분이 행렬이 아닌 다른 대상에 대해 덧셈과 곱셈과 같은 두 가지 연산이 성립하는 예를 찾는다면 그것은 좋은 시도이며 그 성과를 함께 공유하기를 기대한다.

Let's play with MATH together

가우스 정수에 (일반화된) 피타고라스 수를 만드는 공식이 있을까?

제3장

피할 수 없는 대칭 문제

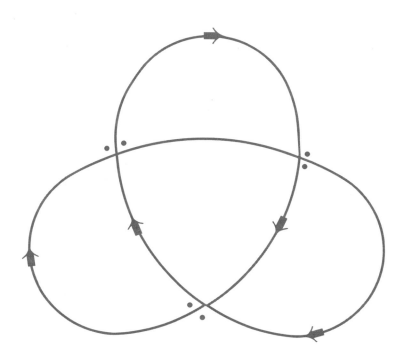

뜻밖의 순열 조합 문제

많은 사람이 '규칙 찾기 문제'를 즐겨 푼다. 아래 주어진 숫자 조합을 살펴보자.

$$1, 3, 9, 33, 153, ?$$

마지막에 올 숫자는 얼마일까? 생각나지 않아도 괜찮다. 답은 확실히 모두의 예상을 빗나가기 때문이다. 이 숫자는 순열 조합 문제에서도 '초순열Superpermutations 문제'이다. 초순열 문제와 관련하여 2011년 한 게시물에 관한 일화가 있다. 해외 애니메이션 마니아 사이트에는 「스즈미야 하루히의 우울」을 가장 빨리 보려면 가능한 모든 순서를 어떻게 사용할 수 있을까?'라는 글이 올라왔다. 이런 문제 제기에는 배경이 있어, 베테랑 애호가들이 아니면 정말 이해하기 어렵다.

일본 애니메이션 시리즈인 「스즈미야 하루히의 우울」은 배경 설정에 시간여행이 있기 때문에 매회 내용이 비교적 독립적이고 시간 순서가 불확실하다. 또한 방송국에서 재방송될 때, 재방송의 회차 순서도 첫 방송과 다르다.

애니메이션 「스즈미야 하루히의 우울」 시리즈 DVD 커버

2011년에는 14부작 애니메이션으로 DVD가 발매되었다. DVD는 시청자가 직접 어떤 회차라도 선택해 시청할 수 있었기 때문에, 애호가의 입장에서 이 애니메이션을 가능한 모든 순서로 가장 빠르게 보고 싶다면(단, 겹쳐도 상관없다), 몇 회부터 보는 게 좋은지가 화두였다고 한다.

우리는 먼저 이 문제를 분석하는 데 도움이 될 간단한 예를 하나 고려한다. 예를 들어, 이 애니메이션이 3부작이라고 가정할 때, 모든 순열의 수는 3!=6이다. 이렇게 총 6가지 서로 다른 순서로 이 애니메이션을 본다고 할 때, 123, 132, 213, 231, 312, 321의 경우를 생각할 수 있다. 다만 3×6=18회를 온전히 모든 순서 조합에 따라 다 볼 필요는 없다.

예를 들면, 1, 2, 3의 순서로 3부작을 다 본 다음 1화를 볼 수 있는데 즉, 순서는 1231이다. 뒤 세 번의 순서를 보면 231의 순서로 다 본 셈이 된다. 1231을 본 후 시간을 아끼려면 2화를 봐야 할 게 뻔한데, 이렇게 되면 312라는 조합을 다 본 셈이 된다. 12312를 본 후에는 조금 망설여질 수도 있다. 마지막 두 회가 1과 2화이고 123이라는 조합은 이미 봤기 때문에 이후에 3화를 더 보는 것은 의미가 없다. 게다가 당신은 이전과 같이 마지막 2개의 숫자를 재사용할 수 없고 1개의 숫자만 사용할 수 있다.

목표는 1, 2, 3이라는 세 개의 숫자로 이루어진 가장 짧은 숫자 배열을 찾아내는 것이며, 그것은 1, 2, 3의 여섯 가지 배열 순서를 모두 포함하는 것이다. 서로 다른 n개의 문자가 주어질 때 이 문자로 구성되는 모든 순열을 포함하는 가장 짧은 배열을 '초순열'이라고 한다. 그 길이를 n의 '초순열 수'라고 한다.

그 예로 3의 초순열은 여러분이 종이에 조금만 써봐도 찾을 수 있는데(예: 123121321), 그 길이는 9이다. 4의 초순열을 찾는 것은 조금 어렵지만 그 길이는 33이다. 주의할 점은 초순열을 찾아내는 것이 어려운 것이 아니라, 그것이 n개의 문자로 만든 순열을 모두 포함하는 문자열에서 길이가 가장 짧다는 것을 증명하는 것이 매우 어렵다는 것이다.

하지만 다행히도 일찍이 누군가가 컴퓨터로 그 수를 확인해 보니 3과 4의 초순열 수는 9와 33이었고, 5의 초순열은 컴퓨터를 이용하여 153임이 밝혀졌다. 이 일련의 숫자는 바로 시작 부분에 언급된 '규칙 찾기 문제'에 나오는 숫자이다. 이 숫자들은 확실히 어떤 법칙에 부합하는데 n개 숫자의 초순열에서 이전의 초순열을 빼면 $n!$이다.

$$33 - 9 = 24 = 4!$$
$$153 - 33 = 120 = 5!$$

실제로 $n-1$의 초순열 수에 $n!$을 추가하면 n의 초순열 수라고 믿는다.

$$1! + 2! + 3! + \cdots + n!$$

예를 들면, 6의 초순열 수는, $153 + 6! = 873$이라고 추측한다.

1부터 4까지의 초순열과 그 길이

n	초순열	초순열의 길이
1	1	1
2	121	3
3	123121321	9
4	1234123142312431213421324132413214321	33

예상치 못한 일이 2014년에 일어났다. 로빈 휴스턴[Robin Houston]이라는 연구자가 컴퓨터 프로그램을 이용하여 길이가 872인 6의 초순열 수를 찾아낸 것이다. 이는 예상한 길이보다 하나가 짧았다. 모두가 어리둥절해한 것은 그동안의 추측이 완전히 틀렸다는 것이다. 이제는 872가 최단이라는 보장이 없기 때문에 6의 진짜 초순열 수가 얼마인지도 알 수 없다.

길이가 872인 6의 초순열

123456123451623451263451236451326451362451364251364521364512346512341562341526341523641523461523416523412563412536412534612534162534126534123564123546123541623541263541236541326543126453162435162431562431652431625431624531642531462531426531425631425361425316452314652314562314526314523614523161645321645312643512643152643125643215642315462315426315423615423161654231564213564215362415362145362154362153462135462134562134652134625134621536421563421653421635421634521634251634211564325164325614325641325643126543216543261534261354261345261342561342651342615324651324653124635124631524631254632154613251463254613254631245632145632415632451632456132456312465321465324165324615326415326145326154326514362514365214356214352614352164352146352143651243615243612543612453612431561243651423561423516423514623514263514236514326514326541362541361652413562413526413524613524163524136542136541235624135264135264135246135241635241365421365421354123

여행하는 외판원 문제 : 도시 사이의 거리를 정하여 각 도시를 한 번 방문하고 출발했던 도시로 돌아오는 최단회로를 구하는 문제이다.

어떤 도시에서 출발하여 가장 짧은 경로를 찾아 모든 도시를 거쳐 출발 도시로 돌아오는 것이 바로 여행하는 외판원 문제이다. 시작점으로 돌아 오지 않으면 변형 문제가 된다.

로빈 휴스턴이 사용한 컴퓨터 알고리즘은 매우 단순했다. 그는 초순열 문제를 그래프 이론에서 유명한 '여행하는 외판원 문제(간 단히 TSP문제)'로 바꿔서 생각하였다. 예를 들어, 3의 초순열 수에 서 1부터 3까지 모든 순열 수는 3!=6이기 때문에 종이 위에 여섯 개의 점을 표시하면 각 점은 하나의 순열을 나타낸다. 그런 다음 두 점끼리 연결하여 화살표로 표시하고 각 선들에 가중치를 부여한다. 이 가중치는 두 점이 최종 초순열에 나타날 때 순열 수를 증가시킬 수 있는 길이를 나타낸다.

예를 들어, 123이라는 지점에서 231이라는 지점까지의 연결을 고려한다면, 123배열에 1만 더 쓰면 231이라는 조합을 포함하기 때문에 이 선의 가중치는 1이 된다. 반대로 231이라는 점에서 123이라는 점으로 연결하려면 231배열에 2와 3을 써야 123배열을 얻을 수 있기 때문에 이 경우는 가중치가 2가 된다. 이렇게 추론하면 모든 6개 점 사이의 연결에 이러한 가중치를 부여할 수 있다.

모든 연결에 가중치가 생긴 후, 초순열 수를 찾는 문제는 그래프에서 경로를 찾는 문제로 전환되는데, 이 경로는 각 점을 적어도 한 번 통과해야 하며, 경로의 가중치는 최소가 되어야 한다. 이 문제는 그래프 이론의 '여행하는 외판원 문제'로, 출발점으로 돌아가지 않아도 된다. 그리고 우리에겐 이미 여행하는 외판원 문제를 해결하는 많은 알고리즘이 있다.

하지만 불행히도 여행하는 외판원 문제는 알고리즘 이론에서 'NP-완전 문제'(쉽게 이해하자면 하나의 답도 매우 느리게 확인하는 문제)로, 알고리즘을 구하는 것은 매우 비효율적이다. 실제로 로빈 휴스턴은 여행하는 외판원 문제를 푸는 데 흔히 쓰이는 절충 방법인 확률적 알고리즘을 사용해 모든 상황을 열거하지 않고 단지 하나의 목표를 설정하고 길이가 753보다 작은 경로를 찾아낸다. 알고리즘은 가능한 한 가장 짧은 경로를 찾고, 이런 경로를 찾으면 멈출 뿐이다.

이렇게 출력된 결과가 최단 경로를 보장할 수 없고 일정 시간 내에 반드시 출력이 있다는 보장도 없기 때문에 '확률적 알고리즘'이라고 한다. 그가 길지 않은 시간에 길이가 753인 경로를 찾아낸 것은 행운이었다. 대신 결정적 알고리즘을 활용하려면 일반 서버가 6개 이상의 초순열 수 문제를 처리하는 것은 고사하고 몇 개월에서 몇 년까지 운영될 수 있다. 로빈 휴스턴의 이 발견이 발표된 후 단번에 많은 애호가의 흥미를 끌었다. 왜냐하면 이 문제는 이렇게 간단해 보이지만, 아직 확실한 결론이 나지 않았기 때문이다.

많은 애호가 중에는 호주 과학소설 작가 그렉 이건[Greg Egan]도 포함되어 있다. 일찍이 호주의 한 대학에서 수학을 전공한 그는 소설을 즐겨 쓰다가 22세에 첫 과학소설을 발표한 후 전문작가로 전향해 휴고상을 수상한 바 있다. 그는 또한 수학에 대한 취미를 간직하고 있다가, 1994년에 『순열도시[Permutation City]』라는 제목의 소설을 출간했다.

['초순열 수 문제'를 '여행하는 외판원 문제'로 변환]

모든 1, 2, 3의 배열을 고려한다 : 123, 132, 231, 213, 312, 321.

위의 두 배열 사이의 '거리'를 계산하여 결정한다.

두 배열 사이의 거리란? 이전 배열의 끝에 몇 개의 문자 수를 추가하여 다음 배열이 나타나게 하는데, 이때 추가해야 하는 최소 문자 수는 이 두 배열 사이의 '거리'이다. 다시 말해 '사용'을 반복할 수 있는 문자의 수가 많을수록 거리가 가까워진다.

예를 들어, 123과 231은 1231로 연결될 수 있고, 23은 중복 사용될 수 있으며, 1을 맨 마지막에 추가하면 되므로 거리를 1로 정의한다. 123과 312는 연결 및 결합하여 12312가 되며, 3은 중복 사용될 수 있다. 12를 추가하였으므로 거리는 2이다.

123과 213은 123213으로 연결되며, 213 세 개의 문자를 추가하였으므로 거리는 3이다.

아래 그림에서 보는 바와 같이

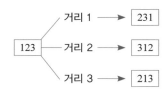

모든 6개 배열의 거리를 계산하면 초순열 수 문제는 어느 기점에서 시작하여 최단 경로를 찾아 모든 점을 지나는 문제로 바뀌는데, 이것이 바로 '여행하는 외판원 문제'이다. 예를 들어, 세 문자의 초순열 수 문제는 이런 경로를 따른 것이다.

| 213 |─1→| 231 |─1→| 312 |─2→| 213 |─1→| 132 |─1→| 321 |

총 거리는 6이고 시작할 때 세 문자를 더하기 때문에 세 문자의 초순열 수는 9이다.

그렉 이건은 로빈 휴스턴이 초순열 수 문제에 대해 발견한 것을 보고 관심을 가졌으며, 휴스턴의 결과보다 더 짧은 초순열을 찾을 가능성이 있는지 고민하기 시작했다. 얼마 지나지 않아 그는 초순열 수의 상한을 찾아냈다. 이 새로운 상한은 원래의 것과 약간 비슷하다.

기존 추측은 큰 것부터 작은 것까지 차례로 더한 것이다.

$$n!+(n-1)!+(n-2)!+\cdots+1!$$

그가 제시한 새로운 상한은 다음과 같다.

$$n!+(n-1)!+(n-2)!+(n-3)!+(n-3)$$

당신은 새로운 상한이 $n \leq 6$일 때 원래의 상한보다 크거나 같을 것이기 때문에 결코 우수하지 않다는 것을 알게 될 것이다. 하지만 $n=7$부터는 이 새로운 상한이 기존보다 훨씬 작아지기 때문에 새로운 진전이다.

그렉 이건이 사용한 알고리즘은 앨런 윌리엄스라는 연구자에 의해 2013년 논문에서 제안되었다.

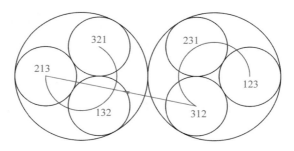

그렉 이건의 개인 웹사이트에 초순열 수의 상한 증명에 관한 설명은 '거리 1'의 배열을 하나의 원 안에 놓고, 두 원 사이의 '거리 2'를 이렇게 반복한다. 최종적인 '여행하는 외판원' 경로는 가중치가 1과 2인 노선에 상한이 있기만 하면 된다.

반드시 이 상한이 최단이라고는 할 수 없으며, 우리는 하한을 보아야 한다. 하한과 관련해서 앞에서 언급한 적이 있다. 인터넷 카페에서 「스즈미야 하루히의 우울」 시리즈를 어떻게 가장 빨리 다 보느냐'는 질문에 누구도 이를 초순열 수 문제라고 인식하지 않았다. 그런데 누군가가 익명으로 이 문제의 하한에 대한 답변을 달았다. 이 하한은 이전 그렉 이건의 상한과 비슷한 꼴이었다.

$$n! + (n-1)! + (n-2)! + (n-3)$$

이 어마어마한 답변은 단지 그의 생각을 서술했을 뿐, 엄격히 증명하지는 않았다.

얼마 후 캐나다 수학 교수 존스턴이 순열 조합 문제를 검색하던 중 검색엔진에서 이 답변을 보게 됐다. 그는 이 익명의 대답에 조금 주의를 기울인 결과, 그의 증명이 기본적으로 옳다는 것을 알았다. 존스턴은 조금 정리해서 이 증명을 다른 사이트에 올렸다. 당시 수학자들은 이 문제의 정답이 $1!+2!+\cdots+n!$이라고 생각했다. 그래서 이 하한이 별 의미가 없어 보이고 관심 있는 사람도 없었다.

이건이 새로운 상한을 제시한 후, 존스턴은 대중들에게 초순열 수의 하한에 대한 현재 최고의 연구는 2011년 애니메이션 카페에서 익명의 한 사람의 게시물임을 상기시켰다. 어찌 되었든 간에, 우리는 지금 초순열 수의 상한과 하한을 가지고 있지만, 둘 사이에는 $(n-3)!$만큼의 큰 차이가 있다. 예를 들어 $n=6$일 때 우리는 하한 공식에 따라 867을 계산하는데 현재 찾은 가장 짧은 것은 872로 5만큼 차이가 난다. 7의 초순열 수는 5884와 5908 사이로 이 문제는 해결되지 않았다.

당신은 우리가 발견한 초순열 수에서 숫자의 배열 법칙을 찾을 수 없느냐고 물을지도 모른다. 하나의 초순열을 거꾸로 해도 초순열일 것은 분명하지만, 다른 더 이상의 법칙은 없는 것 같다. 현재 알려진 $n=5$의 서로 다른 초순열(뒤로 쓰는 경우를 제외)은 8가지이다.

길이가 153인 5의 서로 다른 8가지 초순열

벤 채핀^Ben Chaffin이 2014년 3월에 처음 발견하였다.

123451234152341253412354123145231425314235142315423124531\
2435124315243125431213452134251342153421354213245132415324\
152413254132145321435214325143215432154321

123451234152341253412354123145231425314235142315423124531\
2435124315243125431213542135241352143521345213254132514325\
134251324513215432153421532415321452143521

123451234152341253412354123145231425314235142315421352413\
5214352134521354215342154321542312453214532415324513254132\
5143251342513245312435124315243125431254312

123451234152341253412354123145213425134215342135421354213\
4521453214253142531423514231542312453124351243152431254321\
543251432541324513241532413524132541325431245312543125431

1234512341523412534123541325413524135421345213425134215342\
135412314523142531423514231542312453214352143251432154321\
5324153245132453124351243152431254312543125431254312

1234512341523412534123541325143251342513245132541352413542\
135412314521345214352145321543215342153241532145231425314\
2351423154231245312435124315243125431254312

1234513245134251345213542135241352143521345123415234125341\
2354123145231425314235142315423124531243512431524312543215\
34215324153214532154325143254132541325431254312

1234513241532413524132541324513425134521345123415234125341\
235412314523142531423514231542135421534215432145321435214352143\
25143215423124531243512431524312543125431254312

이 문제의 흥미로운 점은 '간단한 수학이지만 해결할 수 없는 문제'라는 것이다. 규칙적인 배열로 시작했는데 갑자기 $n=6$에서 끊겨서 너무 놀랐다. 이 문제의 현재 가장 좋은 진전은 모두 아마추어 수학 애호가들이 내놓은 것이다. 하나는 애니메이션 인터넷 카페에서 활약하고 있는 익명의 누군가이고, 다른 하나는 호주의 그렉 이건이기 때문에 여러분이 연구하기에 적합할 것이라고 생각한다.

순열 조합처럼 보이는 이 문제가 그래프 이론에서 '여행하는 외판원 문제'로 전환될 수 있다는 것도 확실히 시사하는 바가 크다. 나는 가까운 장래에 또 다른 어떤 아마추어 수학 애호가에 의해 초순열 수에 대한 새로운 발견이 있기를 바란다.

마지막으로 14부작에 대한 「스즈미야 하루히의 우울」 시리즈를 가장 빨리 볼 수 있는 회가 몇 회인지, 모든 배열을 다 볼 수 있는지를 묻는 질문에 대한 답은 다음과 같다.

하한은 $14!+13!+12!+11 ≒ 9.4 \times 10^{10}$

상한은 $14!+13!+12!+11!+11 ≒ 1.9 \times 10^{16}$

이다. 그러니 이 애니메이션의 애호가들은 시즌 2도 서둘러 보길 바란다.

정다면체 위의 세계 일주와 정십이면체 위의 특수한 경로

당신은 지도상의 비행 항로를 관찰해 본 적이 있는가?

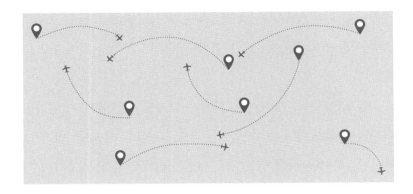

지도에서 보면 이 항로들은 모두 원호인데, 비행기가 정말 우회하고 있는 것일까? 실제 항로는 기본적으로 지구 표면을 따라 두 점 사이의 최단 경로를 표시한 것으로, 이를 '측지선測地線, geodetic line'이라고 부른다.

구면의 측지선은 모두 구심을 중심으로 하는 호이며, 두 점 사이를 연결하는 최단 경로이다. 우리는 구면에서 '직선'을 따라 출발하면 항상 '자연스럽게' 출발점으로 되돌아간다는 것을 알 수 있다. 그렇다면 정다면체 위의 측지선은 어떤 상황일까?

인류는 예로부터 고도의 대칭성을 갖는 사물에 깊은 관심을 가져왔는데 정다면체가 그중 하나이다. 고대 그리스인들은 정사면

체, 정육면체, 정팔면체, 정십이면체, 정이십면체의 5가지 정다면
체가 존재함을 알고 있었다.

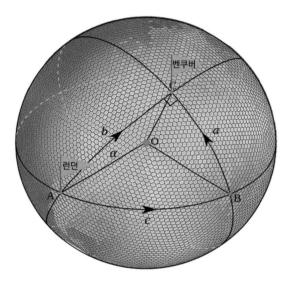

지구 표면에서 측지선은 항상 구심을 중심으로 하는 구면의 원호이다.

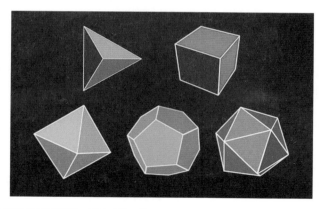

다섯 종류의 정다면체 : 정사면체, 정육면체, 정팔면체, 정십이면체, 정이십이면체

고대 그리스의 철학자 플라톤은 정다면체에 매우 매료되어 우주의 기본 원소가 바로 이 다섯 가지 정다면체에 대응한다고 생각했다. 이런 이유로 정다면체를 '플라톤 입체'라고 한다.

다면체에서 '측지선'을 어떻게 정의할까? 측지선이 주는 직관적인 느낌은 직선을 따라 가면서 생기는 경로다. 여기서 어떤 경로가 다면체 표면의 '직선'을 계산하는지 먼저 정의할 필요가 있다. 합리적인 정의는 다면체의 전개도를 사용하여 두 꼭짓점을 연결하는, 모서리를 통과하는 선을 '직선'으로 간주하는 것이다. 예를 들어, 다음과 같은 정육면체의 전개도를 보자.

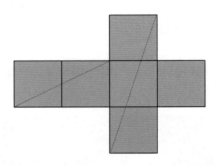

정육면체의 전개도상의 어떤 (중도에 어떤 꼭짓점도 거치지 않는) 직선은 모두 정육면체 위의 측지선이다.

두 꼭짓점을 연결하는 두 개의 측지선을 얻을 수 있다. 정육면체에서 두 점을 연결하는 측지선이 반드시 이 두 점의 최단 연결은 아니다. 예를 들어, 정육면체 위에 하나의 꼭짓점에서 인접한 꼭짓점까지 연결한 아래 그림과 같은 '측지선'이 있다.

왼쪽 그림 : 정육면체의 한 꼭짓점에서 그 인접 꼭짓점까지의 측지선
오른쪽 그림 : 정육면체의 한 꼭짓점에서 반대쪽 꼭짓점까지의 측지선

따라서 수학에서 측지선은 '공간에서 두 점 사이의 최단 경로'로 정의된다. '최단'은 이 선을 '조금' 움직이면 길이가 길어질 수 있다는 뜻이다. 한편 측지선이 어떤 지점에 도달했을 때 어떻게 계속 나아가야 '직선'으로 계산되는지 불확실하다는 점에 유의해야 한다.

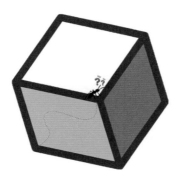

개미 한 마리가 어떤 경로를 따라 정육면체의 꼭짓점까지 올라갔다가 어느 방향으로 나아갈지는 불확실한 문제다. 정다면체의 경우 어떤 식으로든 '직선' 방향을 정의할 수 있지만, 이는 여기서의 논의 범위를 벗어난다.

때문에 측지선이 어느 꼭짓점 위치에 도달하면 이 꼭짓점은 '특이점寄点, problematic point'으로 논의하기에 불편하다. 따라서 측지선은 어느 점에 도달하면 더 이상 연장할 수 없으며, 자신과 만나지 않도록 규정하고 있다. 우리는 위의 성질에 부합하는 측지선을 '단순 측지선simple geodesic'이라고 부른다. 단순 측지선의 시작점과 끝점이 같으면 '단순 폐측지선simple closed geodesic'이라고 하는데, 정다면체에서 세계 일주 여행 항로와 같다. 정다면체에 세계 일주 항로가 있는지 찾아보자.

가장 간단한 정사면체부터 생각해 보면 여기서 '전개도'는 종전의 '전개도'와는 약간 다른데, 정사면체가 지면에 끊임없이 뒹굴다가 남긴 흔적처럼 끝없이 펼쳐질 수 있다. 의심할 여지 없이, 당면한 문제에는 이런 전개도가 더 적합하다.

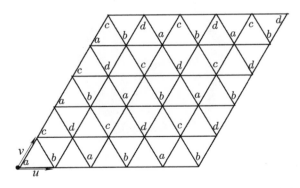

정사면체의 평면 전개도, 각 알파벳은 하나의 꼭짓점을 나타낸다.

이 전개도 위의 점 a에서 출발하면 분명히 수많은 직선이 다른 점 a로 통한다. 그리고 점 a에서 다른 점 a로 가려면 반드시 다른 꼭짓점을 지나게 된다. 정사면체에서는 다음과 같은 정리가 있다.

정사면체의 어떤 꼭짓점에서 출발하는 (자신과 교차하지 않는) 단순 측지선은 반드시 다른 세 꼭짓점과 교차하며, 확률은 모두 $\dfrac{1}{3}$이다.

따라서 정사면체에는 (다른 꼭짓점을 통과하지 않는) 완벽한 세계 일주 여행 경로가 존재하지 않는다는 점이 아쉽다.

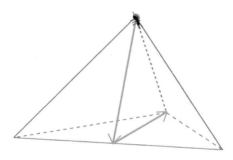

정사면체에서 가능한 세계 일주 여행 항로는 항상 어떤 다른 꼭짓점을 먼저 만난다.

정팔면체는 정사면체와 매우 유사하며 '단순 폐측지선'이 존재하지 않는다.

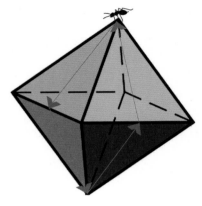

정팔면체에서 가능한 세계 일주 여행 경로는 사면체와 같으며, 이 여행 경로
는 반드시 어떤 다른 꼭짓점을 지난다.

정육면체는 다음과 같은 전개도를 생각해 볼 수 있다.

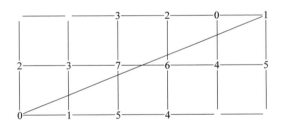

　　꼭짓점 0에서 시작하여 꼭짓점 0으로 끝나는 어떤 직선은 가
운데 반드시 어떤 다른 꼭짓점을 지나게 된다는 것을 알 수 있다.
그러나 꼭짓점 0에서 시작하여 꼭짓점 1로 연결되는 직선을 찾을 수 있으며, 이를 통해 앞서 언급한 정육면체 위의 측지선을 얻을 수 있다. 어쨌거나 정육면체에도 완벽한 세계 일주 여행 경로는 없다.

정이십면체의 전개도는 다음과 같다.

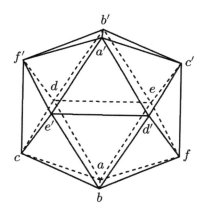

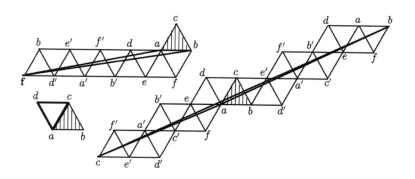

수학자는 정이십면체에서도 어떤 꼭짓점에서 출발하는 단순 측지선은 반드시 다른 꼭짓점에서 끝난다는 것을 증명하였다. 그렇다면 이제 정십이면체만 남았다. 정십이면체에서 이 세계 일주 여행 경로 문제는 매우 복잡해졌는데, 위에 언급한 몇 가지 정다면체와 다르기 때문에 그 전개도는 테셀레이션으로 표현할 수 없다.

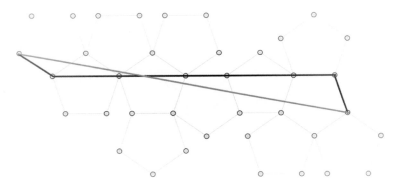

정십이면체의 전개도는 테셀레이션으로 표현할 수 없다. 그림 속의 붉은 선은 정십 이면체의 시작점과 끝점이 일치하는 측지선으로, 다른 꼭짓점을 통과하지 않는다.

오랫동안 사람들은 정십이면체에 단순 폐측지선이 존재한다고 추측해 왔다. 2018년, 이 측지선이 마침내 미국의 두 연구자에 의해 발견되었다.

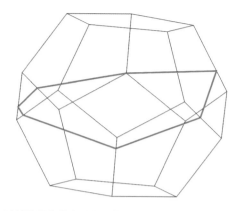

정십이면체 위의 단순 폐측지선은 6개의 면을 지난다.

사실 위 결과는 모든 항로 중 가장 짧은 것으로 연구자들은 무수히 많은 단순 폐측지선이 존재한다는 것을 증명했다. 만약 측지선의 길이가 궁금하다면 아래의 도안을 종이에 복사하여 그것을 오려내어 하나의 정십이면체로 붙여 보아도 된다.

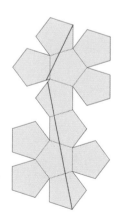
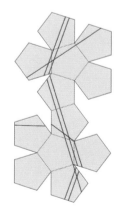

정다면체 위의 측지선은 간단해 보이지만 최근에서야 해결되었다. 정다면체는 모두 매우 규칙적인 것 같지만, 정십이면체는 단순 폐측지선의 존재성에 있어서 남달랐다. 정십이면체에 사는 사람은 안심하고 직선을 따라 비행하면 다른 꼭짓점에 사는 사람들을 방해하지 않는 완벽한 세계 일주 여행을 즐길 수 있다. 더불어 평면 전개도는 입체도형의 성질을 편리하게 분석할 수 있는 매우 유용한 사고방식임에 틀림없다.

대자연의 선물

많은 책에서 메르센 소수를 다룬다. 메르센 소수를 숫자 중의 보석이라고 부르는 이유는 무엇일까? 이미 사람들이 $a^b - 1$과 같은 형식의 숫자를 알고 있는데, 만약 이 수가 소수라면 이 숫자는 $2^p - 1$꼴이어야 하고, p는 소수이어야 한다. 단, $2^p - 1$은 소수이기 위한 필요조건일 뿐 충분조건은 아니다. 어쩌면 이것의 충분조건을 찾을 수 없기 때문에 사람들은 $2^p - 1$이 소수인지 아닌지를 일일이 체크할 수밖에 없다. $2^p - 1$이 소수가 아닌 경우가 매우 많으므로 메르센 소수는 '숫자 중의 보석'으로 불릴 만큼 소중하다고 할 수 있다.

이 장에서 언급할 것은 그래프 이론의 강한 정규 그래프^{strongly} ^{regular graph}이다. 강한 정규 그래프도 대자연의 선물이자 그래프 이론에서 보석이라 할 만큼 귀중하다. 그래프 이론에서 '그래프'는 바로 '점'과 그 사이를 연결하는 선인 '변'으로 구성된다. 점의 위치와 연결선의 모양, 길이 등은 전혀 고려할 필요가 없다. 여기서는 방향이 없는 선과 두 점 사이에 최대 한 개의 변만 있는 '무방향 단순그래프'만을 대상으로 단순화하여 다루려고 한다.

무엇이 강한 정규 그래프인지 이해하려면, 우리는 다음과 같은 문제부터 시작해야 한다.

9명이 있을 때 모든 사람이 서로 다른 4명을 알 수 있을까?

만약 어떤 두 사람이 서로 안다면, 다른 한 사람이 그들과 알 수 있을까?

어떤 두 사람이 서로 모른다면 다른 두 사람과 이 두 사람은 서로 알 수 있을까?

이런 문제는 듣기에 좀 까다롭지만, 경험이 있는 사람들은 '몇 사람은 알고 모르는' 문제로 듣자마자 이것이 '그래프 문제'라는 것을 눈치챈다. 이를 '그래프 문제'로 바꾸면 9개의 점이 주어질 때, 각 점은 4개의 다른 점과 변으로 연결되어 있으며, 이때 각 점의 차수는 4라고 한다. 만약 두 점 사이에 연결선이 있다면, 이 두 점은 정확히 하나의 삼각형에 속하거나, 나머지 한 점이 바로 이 두 점의 이웃이라고 할 수 있다. 만약 두 점 사이에 연결선이 없다면, 이 두 점은 하나의 사각형에 속하거나, 다른 두 점과 이 두 점은 이웃이다. 이제 다음과 같은 그래프를 그릴 수 있다.

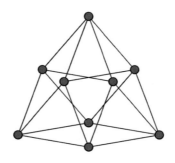

강한 정규 그래프 : 그래프에서 파란색 점은 한 사람을 나타내고, 연결은 두 사람이 서로 알고 있음을 나타낸다.

이것은 그래프 이론에서 강한 정규 그래프로, 하나의 그래프에서 모든 점의 차수, 즉 모든 점의 이웃 수가 같다면 이것을 정규regular라고 한다. 예를 들면, 어떤 그래프에서 임의의 두 점 사이에 변이 있다면 즉, n개의 점이 있는 그래프에서 각 점의 차수가 $n-1$이라면 그것은 반드시 정규 그래프이고 이를 '완전 그래프'라고도 한다.

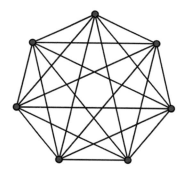

꼭짓점이 7개인 완전 그래프, 임의의 두 점 사이에 모두 변이 있다.

또 다른 정규 그래프의 예는 모든 점을 연결하여 원을 구성하는 것인데, 이 그래프에서 각 점의 차수는 2이며 이를 '환 그래프 Ring graph'라고 한다. 이 두 그래프는 모두 매우 자명한 정규 그래프로 자명하지 않은 정규 그래프도 많이 있다. 다음과 같은 문제를 보자.

점이 n개인 그래프에 대하여 n과 각 점의 차수 k가 어떤 성질을 만족시킬 때 정규 그래프를 구성할 수 있을까?

강한 정규 그래프는 말 그대로 그 조건이 정규 그래프보다 강한 것으로 다음과 같은 두 가지 조건을 추가해야 한다.

1. 임의의 인접한 두 점에 대하여, 동시에 이 두 점에 인접한 점의 수는 같으며, 이 수는 그리스 문자 λ로 표시한다.

2. 임의의 서로 인접하지 않은 두 점에 대하여, 동시에 이 두 점에 인접하는 점의 수도 같으며, 이 수는 그리스 문자 μ로 표시한다.

그래프에서 점의 개수를 v, 각 점의 차수를 k라고 하면 (v, k, λ, μ) 4개의 매개변수가 강한 정규 그래프의 기본 특성을 결정한다. 우리는 항상 이 네 값을 이어서 쓰고 강한 정규 그래프라고 부르겠다. 이를테면 앞의 9개 점을 가지는 그래프는 '(9, 4, 1, 2)-강한 정규 그래프'라고 한다.

여기에 다음과 같은 흥미로운 문제가 있다. 바로 '어떤 강한 정규 그래프의 4개의 매개변수 (v, k, λ, μ)는 서로 독립인가?'라는 것이다. 조금만 생각해 보면 독립이 아니며 일정한 관계를 만족시켜야 한다는 것을 알 수 있다. 이제 그래프의 한 점을 A라고 두고 생각해 보자. 점 A의 이웃은 k개이며 k개의 점도 모두 k개의 이웃이 있다. 그중 어떤 이웃을 점 B라고 하면 그 이웃 중 하나는 점 A이며 그 외의 λ개의 점도 점 A의 이웃이다. 따라서 점 B의 이웃 중 $k-1-\lambda$개의 이웃은 점 A의 이웃이 아니고, 점 A까지의 거리는 2이다. 정리하면 $k(k-1-\lambda)$개의 점에서 점 A까지의 거리는 2이다. 여기서 거리의 정의는 두 점 사이의 최단 경로의 길이이다.

또한 점 A의 이웃이 k개이면 그래프에서 $v-k-1$개의 점이 점 A의 이웃이 아니다. 그리고 이 $v-k-1$개의 점에서 점 A까지의 거리는 모두 2이고, 모두 μ개의 이런 점이 있기 때문에 총 $\mu(v-1-k)$개에서 점 A까지의 거리는 2이다. 이 표현과 이전 표현은 모두 점 A에서 거리가 2인 점의 수로써(여기서 중복 계산된 점은 있지만 결과에 영향을 미치지 않는다) 동일하다. 이를 통해 (v, k, λ, μ)를 포함하는 방정식은 다음과 같다.

$$k(k-1-\lambda) = \mu(v-1-k)$$

이 4개의 변수는 독립이 아니다. 우리는 보통 v, λ, μ를 정한 후 k를 계산한다. 이때 k를 계산하는 과정이 일원 이차 방정식을 푸는 과정이라는 것을 알게 되며 이는 방정식이 양의 정수해를 가져야만 (v, k, λ, μ)이 강한 정규 그래프를 구성할 수 있음을 의미한다.

(v, k, λ, μ)이 이렇게 강한 조건을 만족시켜야 강한 정규 그래

프를 구성할 수 있는 만큼 이는 강한 정규 그래프를 구성할 수 있는 충분조건이 아닐까? 아쉽게도 아니다. 이어서 비교적 가벼운 상황에서의 몇몇 강한 정규 그래프를 훑어보면, 이것이 끊임없이 놀랍고 뜻밖의 과정임을 알게 될 것이다.

한 가지 더 설명하자면, 완전 그래프 즉, 어떤 두 점이 모두 연결된 경우는 암묵적으로 배제한다. 왜냐하면 n개의 점으로 구성된 완전 그래프는 필연적으로 $(n, n-1, n-2, n-2)$의 강한 정규 그래프임이 매우 자명하기 때문이다. 또한 $\mu = 0$인 경우도 제외해야 한다. 그 이유는 $\mu = 0$일 때 그래프는 끊어진다(우리는 연결된 그래프만 고려한다). 또 한 가지, 만약 어떤 그래프가 강한 정규 그래프라면 그것의 '여 그래프complement graph' 또한 강한 정규 그래프이다. 여 그래프는 주어진 그래프에 어떤 변을 더 추가해야 완전 그래프가 될 때, 추가된 이 변들이 바로 원래 그래프의 여 그래프이다. v, k, λ, μ를 매개변수로 하는 강한 정규 그래프의 여 그래프는 몇 개의 매개변수가 각각 무엇인지 고려해 볼 수 있다. 요컨대, 강한 정규 그래프는 항상 쌍을 이루어 나타나는데, 그것의 여 그래프가 자기 자신인 경우는 제외한다.

우선 점 3개를 보면, 점 3개의 강한 정규 그래프는 삼각형으로, 즉 점 3개의 완전 그래프이다. 점 4개의 강한 정규 그래프는 처음으로 불완전 그래프가 나타나는 강한 정규 그래프로, 사각형이며 매개변수는 $(4, 2, 0, 2)$이다. 오각형도 강한 정규 그래프로 매개변수는 (5, 2, 0, 1)이다. 조금 더 생각해 보면 육각형과 그이상의 다각형은 환^{ring} 모양의 강한 정규 그래프가 없다는 것을 알게 된다.

점이 6개인 경우, 두 가지 다른 유형의 강한 정규 그래프가 나타난다. 구성 방법은 다음과 같다.

6개의 점을 3개씩 두 그룹으로 나눈 다음 서로 다른 그룹에 속하는 점을 연결하고 같은 그룹은 연결하지 않으므로 (6, 3, 0, 3)의 강한 정규 그래프를 쉽게 얻을 수 있다. 그 안의 점들은 두 그룹으로 나눌 수 있기 때문에 같은 그룹의 점은 연결되지 않고 다른 그룹의 점은 연결되어야 한다. 두 변의 점의 개수가 같다면 반드시 하나의 강한 정규 그래프를 얻을 수 있다는 것을 발견할 수 있다.

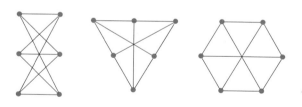

(6, 3, 0, 3)-강한 정규 그래프

비슷한 방법으로 6개의 점을 각각 2개씩 3개의 그룹으로 나눌 수 있다. 마찬가지로, 같은 그룹의 두 점은 연결되지 않고 다른 그룹의 점들을 연결하면 (6, 4, 2, 4)의 강한 정규 그래프를 얻을 수 있다.

점의 개수가 합성수이면 소인수분해를 통해 점을 몇 개의 동일한 부분으로 분해할 수 있고 강한 정규 그래프라는 것을 발견할 수 있다. 이런 강한 정규 그래프는 구조가 간단하기 때문에 재미도 없지만 다행히 이런 그래프 외에 강한 정규 그래프가 많다. 따라서 나는 이런 그래프를 '자명한' 강한 정규 그래프라고 할 것이다.

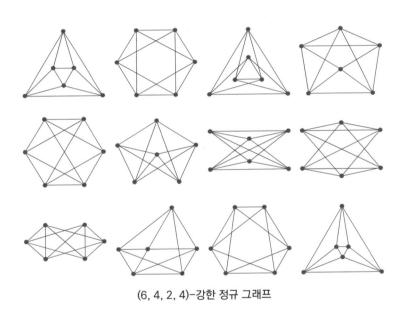

(6, 4, 2, 4)-강한 정규 그래프

7개의 점에 대해서는 강한 정규 그래프가 없는데, 아무래도 7이 소수이기 때문에 이런 강한 대칭성을 구성할 수 없기 때문이라고 생각할 수 있다. 11개 점에도 확실히 강한 정규 그래프가 없다. 그런데 점이 13개인 경우는 있다. 잠시 후 8개의 점에도 강한 정규 그래프가 없다는 것을 알 수 있다.

9개 점의 경우 앞에서 이미 소개한 바와 같이 (9, 4, 1, 2)의 강한 정규 그래프가 존재한다. 이 그래프를 '일반화된 사각형 generalized quadrangle'이라고도 한다. 나는 이 표현이 매우 혼란스럽다. 사각형은 일반화되지 않은 단어일까? 어떻게 확대해서 넓게 봐야 하는 것인가. 사각형이 일반화되기 위해서 사각형의 일부 성질을 제거하고 가능한 한 다른 성질을 보존해야 한다고 생각해 보자.

분명히 우리는 4개의 점과 4개의 변에 대한 요구를 제거해야 하지만, 4개의 점과 4개의 변을 제거하면 사각형에 무엇이 남는가? 수학자는 사각형이 '두 점이 서로 이웃하지 않으면 다른 두 점을 찾아 그들과 동시에 인접할 수 있으며 이렇게 해서 네 점이 하나의 사각형을 이룬다'는 성질을 가지고 있다고 말한다. 만약 도형이 위 성질에 부합한다면, '사각형'이다. 일반화된 사각형과 일반화된 n각형의 정의는 여러분 스스로 찾아보고 생각해 보길 권한다.

다음으로, 점이 10개인 경우에 재미있는 강한 정규 그래프 (10, 3, 0, 1)이 있다. 이 그래프의 모양은 오각별로 겉모습은 오각형이다. 오각별의 각과 오각형의 각을 두 개씩 연결하면 '페테르센 그래프^{Petersen graph}'를 얻는다. 페테르센^{Julius Peter Christian} ^{Petersen}(1839~1910)은 19세기 덴마크의 수학자로, '페테르센 그래프'에는 재미있는 성질이 있다. 가장 재미있는 것은 해밀턴 경로는 있지만 해밀턴 회로는 없다는 것이다. 즉, 페테르센 그래프에서 한붓그리기로 모든 점을 통과할 수는 있지만, 모든 점을 통과한 후 다시 시작점으로 돌아가는 경로를 찾을 수 없다. 한편, 페테르센 그래프에서 임의로 하나의 변만 추가하면 해밀턴 회로를 찾을 수 있다.

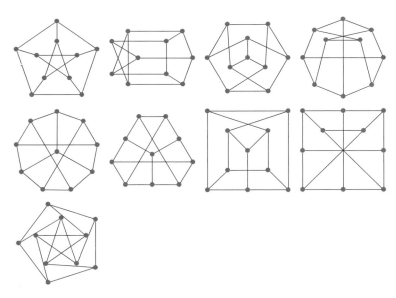

(10, 3, 0, 1)-페테르센 그래프

다음으로 13개 점으로 넘어가 보자. 앞에서는 7개의 점과 11개의 점 모두 (비자명한) 강한 정규 그래프가 없다고 했는데 점이 13개인 경우는 (13, 6, 2, 3)의 강한 정규 그래프 하나가 있다. 이를 '페일리 그래프$^{Paley graph}$'라고 한다. 레이먼드 페일리$^{Raymond Paley}$는 20세기 초 영국의 수학자로, 페일리 그래프의 특징은 점의 개수가 단일 소수의 거듭제곱이어야 하며, 또한 4로 나누었을 때 나머지가 1이라는 것이다. 이 조건은 4로 나누었을 때 나머지가 1인 소수이면 된다는 것을 내포하고 있는데, 13이 조건에 딱 부합한다. 이 조건에 부합하는 점은 페일리 그래프를 구성할 수 있으며 이는 필연적으로 강한 정규 그래프이다. 이것은 해밀턴 그래프로 해밀턴 회로를 포함하며 필연적으로 자기 자신이 여 그래프이고, 여 그래프는 바로 자신이다. 여기까지가 페일리 그래프의 흥미로운 성질이다.

13개 점 다음으로 16개 점의 강한 정규 그래프를 살펴보자. 여기서 또 재미있는 상황이 벌어진다. 강한 정규 그래프의 한 조에 4개의 매개변수를 정하고 이 4개의 매개변수가 강한 정규 그래프를 구성할 수 있다면, 그래프를 유일하게 정할 수 있을까? 우리는 앞에서 이 경우를 다루지 않았다. 물론 여기서 점 A를 점 B로 바꾸고, 점 B를 점 A로 바꾸는 치환 상황에서 구성되는 새로운 그래프를 배제해야 하는데, 이를 '동형구조'라고 한다. 우리는 동형인 상황을 제외한 4개의 매개변수로 유일한 강한 정규 그래프를 정할 수 있는지 궁금하다.

강한 정규 그래프는 매개변수에 대한 엄격한 요구 사항이 있으므로 4개의 매개변수가 하나의 강한 정규 그래프를 결정하는 유일한 방법이라고 생각할 수 있지만 아니다. (16, 6, 2, 2)는 두 가지 강한 정규 그래프를 결정할 수 있으며 그중 하나는 '룩 그래프$^{Rook\ graph}$'라고 할 수 있다. 여기서 '룩'은 체스에서 '차車'라는 뜻이다. 체스에서 룩은 직선으로 간다. 4×4체스판 위에 '룩'이 이동하는 경로를 모두 그리면 (16, 6, 2, 2)의 '룩 그래프'를 얻을 수 있다.

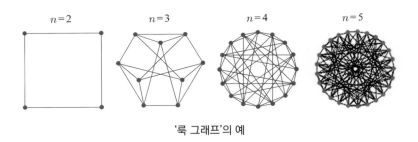

'룩 그래프'의 예

(16, 6, 2, 2) 매개변수를 충족하는 또 다른 강한 정규 그래프는 '슈리칸데 그래프$^{Shrikhande\ graph}$'라고 불리며, 이는 1959년 인도의 수학자 슈리칸데가 처음 발표한 것이다.

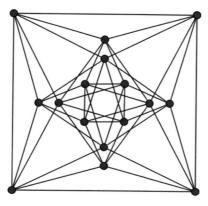

(16, 6, 2, 2)-슈리칸데 그래프

이것은 일종의 '거리 정규 그래프distance regular graph'이다. 즉, 그래프에서 임의의 두 점 a, b를 취하는데 2와 3과 같은 두 숫자를 정한다. 그런 후에 a에서 거리가 2인 점과 b에서 거리가 3인 점의 개수를 기록한다. 그리고 a, b쌍을 바꾸어 이 두 숫자를 똑같이 집계한다. 그러면 a, b를 어떻게 정하든지 그 결과는 모두 같기 때문에 그것을 '거리 정규 그래프'라고 한다.

슈리칸데 그래프는 '비거리 전달 그래프non distance transive graph'라고도 한다. 거리 전달은 a에서 b까지의 거리에 b에서 c까지의 거리를 더해 a에서 c까지의 거리를 의미한다. 모든 거리 전달 그래프는 거리 정규 그래프이지만, 역명제는 성립하지 않는다. 슈리칸데 그래프는 거리 전달 그래프가 아니지만 거리 정규 그래프이며, 이러한 반례 중 점의 개수가 가장 적은 것(반례가 어디에 있는지 살펴보길 바란다)이기 때문에 특이하다.

이상이 (16, 6, 2, 2)의 두 가지 강한 정규 그래프이다. 16개의
점은 1868년 독일 수학자 알프레트 클렙슈^{Alfred Clebsch}(1833~1872)
가 발견한 4차 곡면의 16개 선의 배치와 관련이 있기 때문에 '클
렙슈 그래프'라고도 하는 강한 정규 그래프 (16, 5, 0, 2)를 구성할
수 있다. 또한 거리 정규 그래프와 16개 점의 순환 그래프^{Cyclotomic}
^{graph}이다. 그리고 순환 그래프는 페일리 그래프의 3차원 공간에서
의 시뮬레이션이다.

17을 4로 나누면 나머지가 1이기 때문에 17개 점의 페일리 그
래프가 존재한다. 따라서 17개 점인 경우에 대해서는 더 이상 다
루지 않겠다.

21개인 경우 또 하나의 새로운 그래프 (21, 10, 3, 6)이 있는데
'크네세르 그래프^{Kneser graph}'이다. 이는 수학자 크네세르가 1955년
에 제안한 조합의 수학적 추측에서 유래했는데 $2n + k$개의 원소
를 가지는 집합에 대해 n개의 서로소인 부분집합을 취하면 k개
의 부분집합 중에서 적어도 두 개의 서로소인 부분집합이 동일한
범주에 속한다는 것이다. 1978년 헝가리의 수학자 라슬로 로바스
^{Laszlo Lovasz}는 그래프 이론 방법을 사용하여 크네세르의 이 추측을
증명했다. 그래프의 점은 하나의 부분 집합을 나타내며 각 변은
두 개의 서로소인 부분집합을 연결한다. 그래서 이 그래프를 '크

네세르 그래프'라고 부르는데, 어쩐지 '로바스 그래프'라고 불러야 할 것 같기도 하다.

17개 점인 경우까지 다루었다. 앞에서 언급된 그래프 중에서 생략된 경우, 예를 들면, 25개 점에서 25는 5의 제곱이고 4로 나누면 나머지가 1이기 때문에 점이 25개인 (25, 12, 5, 6) 페일리 그래프가 있다. 25개 점은 5×5의 체스판을 구성할 수 있기 때문에 반드시 '룩 그래프'가 있고, 또한 (별로 재미있지 않은) 많은 그래프들이 있지만 넘어가겠다.

36개 점에서 매우 놀라운 점을 발견할 수 있는데 (36, 15, 6, 6)의 강한 정규 그래프에 관한 것이다. 이전에 강한 정규 그래프의 매개변수가 반드시 하나의 그래프만을 결정하는 것은 아니라고 했다. 예를 들어 (16, 6, 2, 2)에는 두 가지 그래프가 있지만, 대부분의 경우 한 가지 그래프만 있다. 그러나 (36, 15, 6, 6)에 대응하는 (서로 다른 구성의) 강한 정규 그래프는 32,548개다. 왜 강한 정규 그래프의 수가 갑자기 폭발하는지 그 이유를 전혀 모르겠다. 36이라는 숫자가 크다고 생각하는가? 그렇다 해도 36개의 점 이후에 (알려진) 어떤 매개변수 하에서도 이렇게 많은 양의 강한 정규 그래프는 찾아볼 수 없다.

나는 처음에 36이라는 숫자의 인수가 2와 3밖에 없기 때문에 강한 정규 그래프의 종류가 많은 줄 알았는데 48개의 점과 72개의 점을 다시 살펴보니 이 두 점에 비자명한 강한 정규 그래프는 전혀 없었다. 물론 수학자도 더 많은 점을 열거할 수 있는 상황은 아닐 것이다. 요컨대 수학자는 컴퓨터로 매개변수가 (36, 15, 6, 6)인 서로 다른 구성의 강한 정규 그래프의 수를 열거했는데, 확실한 것은 3만여 가지가 넘는다는 것이다. 이후 많은 매개변수에서 수학자들은 강한 정규 그래프의 정확한 수를 알지 못했는데 컴퓨터 열거로 인해 끝이 없기 때문이다.

다음으로 흥미로운 그래프는 (50, 7, 0, 1)의 강한 정규 그래프로 '호프만-싱글턴 그래프Hoffman-Singleton graph'로 불린다. 이 그래프는 유일하게 모든 점의 차수가 7이고 지름이 2, 둘레가 5이다. 그래프의 지름과 둘레는 매우 간단한 개념으로 이것은 원의 지름과 둘레의 개념에 대한 시뮬레이션이다. 그래프의 지름은 가장 멀리 떨어진 두 점의 경로 길이이다. 둘레는 그래프에서 가장 짧은 회로의 길이이다. 일반적으로 한 그래프의 지름이 짧을수록 그 둘레는 짧아진다. 그러나 호프만-싱글턴 그래프의 지름은 2에 불과하다. 그러나 그것의 둘레는 또 5에 이른다. 즉, 그래프에서 회로를 찾으려면 반드시 다섯 개의 변을 지나야 한다. 그리고 그래프에는 각 점마다 7개의 변들이 연결되어 있는데, 이는 그래프의 변이 많다는 것을 말해주기 때문에 더욱 어렵다. 하지만 이것은 분명히 매우 흥미로운 그래프임에는 틀림없다.

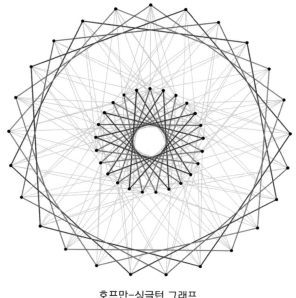

호프만-싱글턴 그래프

다음으로 (56, 10, 0, 2), '게비르츠 그래프^{Gewirtz graph}'이다. 이 그
래프는 7×8의 격자에서 각 칸에 다음의 그림과 같이 6개 문자를
채워 넣는 방법으로 구성할 수 있다는 점이 흥미롭다. 만약 두 칸
사이에 중복되는 알파벳이 없다면 그 사이를 줄로 연결한다. 모
든 칸의 연결을 완료하면 다음과 같이 게비르츠 그래프를 그릴
수 있다.

abcilu	abdfrs	abejop	abgmnq	acdghp	acfjnt	ackmos
ademtu	adjklq	aefgik	aehlns	afhoqu	aglort	ahijmr
aipqst	aknpru	bcdekn	bchjqs	bcmprt	bdgijt	bdhlmo
beflqt	beghru	bfhinp	bfjkmu	bgklps	bikoqr	bnostu
cdfimq	cdjoru	cefpsu	cegjlm	cehiot	cfhklr	cginrs
cgkqtu	clnopq	degoqs	deilpr	dfglnu	dfkopt	dhiksu
dhnqrt	djmnps	efmnor	ehkmpq	eijnqu	ejkrst	fghmst
fgjpqr	fijlos	ghjkno	gimopu	hjlptu	iklmnt	lmqrsu

게비르츠 그래프

누군가가 7×11의 격자에서 유사한 시도를 하여 (77, 16, 0, 4)의 그래프를 구성하였다. 이 그래프를 M_{22}그래프라고 한다. 이 그래프는 이후 소개할 '산재군散在群, sporadic group'의 일종인 '마티외군Mathieu group'이다. 이 강한 정규 그래프는 마침 산재군 구조를 내포하고 있다. 이것은 또한 놀라운 일이 아니다. 왜냐하면 강한 정규 그래프 자체는 고도로 대칭이고 유한군은 대칭성을 구현하는 최고의 추상이기 때문에 강한 정규 그래프가 군과 관련되는 것은 전혀 이상하지 않다.

마지막으로 소개할 그래프는 '히그먼-심스 그래프Higman Sims graph'라고 하는 특정 매개변수의 (100, 22, 0, 6) 그래프이다. 이 그래프의 점은 정확히 100개이며, 그 구성 방법 중 하나는 M_{22} 그래프와 슈타이너계 (3, 6, 22)를 이용하는 것이다.

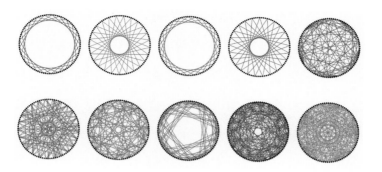

히그먼-심스 그래프의 구조 과정은 앞의 9개의 그림을 중첩시킨 후에, 마지막 히그먼-심스 그래프를 얻는다.

간단히 설명하자면 M_{22} 그래프는 77개의 점이 있고, 슈타이너 계 (3, 6, 22)는 22개의 점이 있으며, 6개의 점마다 하나의 선이 연결되어 있고, 3개의 점이 정확히 일직선상에 있다. 또한 1개의 독립된 점을 추가하면 완전한 히그만-심스 그래프를 구성할 수 있다. 구체적인 구조 과정은 각자 스스로 생각해 보길 바란다.

여기까지 대략 100개 이내의 점에서 특수한 강한 정규 그래프 중 가장 흥미롭고 특징적인 내용을 소개했다. 각 그래프마다 짧게 소개할 수밖에 없었다.

현재 사람들이 찾아낸 비자명한 강한 정규 그래프는 이미 수십만 개의 점에 대한 것이었지만, 여전히 매우 적은 수의 매개변수 조합이 존재하는지 우리는 단정할 수 없다.

이와 같은 강한 정규 그래프들을 볼 때 나는 원소주기율표를 떠올린다. 만일 여러분이 비자명한 강한 정규 그래프를 점의 개수에 따라 작은 것부터 큰 것까지 배열한다고 하면, 마치 원소주기율표와 같을 것이다. 점의 개수가 같은 다른 그래프는 동위원소와 같다. 예를 들어 (16, 6, 2, 2)는 탄소, 흑연, 다이아몬드의 동소체와 같은 두 가지 그림의 경우에 대응할 수 있다.

더욱 묘한 것은 화학 원소와 마찬가지로 수학자가 어떤 위치에 강한 정규 그래프가 있을 수 있다고 예언했다는 것이다. 예를 들어, (100, 33, 8, 12) 이 매개변수는 강한 정규 그래프가 존재할 수 있으며, 심지어 많은 특성도 계산할 수 있지만 존재를 증명할 수는 없다.

이것은 바로 강한 정규 그래프가 신비하고 소중한 이유이기도 하다. 예를 들면, 페일리 그래프와 같은 소수의 강한 정규 그래프를 제외하고는 우리는 그것이 존재하기 위한 필요충분조건을 알고 있다. 다른 강한 정규 그래프에 대해 수학자는 현재 그 존재의 필요조건만 알고 충분조건은 모르기 때문에 하나하나 검증할 수밖에 없다. 그래서 나는 강한 정규 그래프를 '그래프의 보석'이라고 부른다. 여러분은 어딘가에 보석이 있을 수 있다는 것을 알고 파내려가도 여전히 없을 수도 있다. 고인이 된 영국의 수학자 존 H. 콘웨이는 일찍이 현상금 1,000달러를 걸어 '보석'을 발굴한 적이 있다.

다음과 같은 조건을 만족하는 99개 점의 그래프는 존재할까?

"만약 그래프에서 두 점이 인접해 있다면 이 두 점은 반드시 하나의 삼각형에 속하고, 만약 두 점이 인접하지 않으면 이 두 점은 반드시 하나의 사각형에 속한다."

이 문제는 이런 99개의 점이 있는 강한 정규 그래프가 존재하는지 묻는 것이다. 그러나 콘웨이는 각 점마다 얼마나 많은 이웃이 있어야 하는지 설명하지 않았고, 이 문제는 사람들이 스스로 계산하도록 남겨두었다. 이것은 매우 좋은 문제이지만 $(99, x, 1, 2)$의 정규 그래프가 존재하는지에 대한 해답은 지금까지 아무도 모른다.

세 사람이 길을 가면 반드시 순열 조합 문제가 있다!

1850년 영국의 「레이디즈 앤드 젠틀먼즈 다이어리^{LADY'S AND} GENTLEMAN'S DIARY」라는 잡지에 다음과 같은 수학 문제가 실렸다.

15명의 여학생이 매일 한 번씩 3명씩 팀을 이루어 산책을 한다. 7일 동안 임의의 두 사람이 한 번 같이 산책하도록 하려면 팀을 어떻게 나누면 될까?

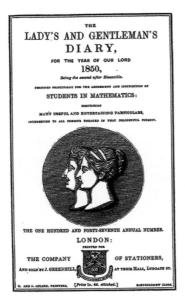

1850년의 「레이디즈 앤드 젠틀먼즈 다이어리」 잡지

토머스 커크먼

이 잡지의 이름은 오락 잡지처럼 들리지만 수학 잡지이다. 매호마다 많은 수학 문제들이 실렸는데, 가장 유명한 것은 바로 이 '커크먼 여학생 산책문제'이다. 이 문제의 이름은 출제자 토머스 페닝턴 커크먼 Thomas penyngton kirkman(1806~1895)에서 따온 것이다.

토머스 커크먼은 역사상 매우 '비전형적인' 수학자로 그는 1806년 잉글랜드의 한 면화 상인의 가정에서 태어났다. 14세까지 제대로 된 수학 교육을 받지 못한 그는 학업을 마치고 아버지의 일을 도왔다. 하지만 자신이 수학에 관심이 많다는 것을 알게 된 커크먼은 23세 때 아버지의 반대를 무릅쓰고 아일랜드의 더블린대 트리니티 칼리지에서 27세에 학사 학위를 받는다. 후에 그는 잉글랜드로 돌아와 한 교구의 교장이 되었고, 그 후부터 50년 동안 교회에서 일했다. 커크먼은 시종일관 수학에 높은 관심을 가졌고 약 40세에 첫 번째 수학 논문을 발표하였다. 이후 점차 자신의 능력을 증명해 1857년에 영국 최고의 과학 학술 기관인 왕립 학회에 입선하였다. 또한 당시 영국의 다른 저명한 수학자(케일리와 해밀턴 등)들로부터 칭송을 받았다. 이처럼 커크먼은 보기 드문 대기만성형 수학자였다.

'커크먼 여학생 산책문제'는 당시 유행을 선도한 문제로 조합 연구의 바람을 일으켰다. 우선 이 문제를 간단히 분석해 보자.

여학생 15명을 3명씩 짝을 지으면 하루에 5팀, 일주일이면 5×7=35팀이 된다. 한 팀 3명을 A, B, C로 표현하면 AB, BC, CA 등 3가지의 2인 조합이 나온다. 35팀의 경우 3×35=105가지 2인 조합이 나온다. 문제는 여학생 2명이 한 번씩만 짝을 지어 산책을 한다는 것이다. 15명 중 2명을 뽑는 조합의 수는 105로 앞서 계산한 2인 조합의 수와 같고 이 결과가 합리적이라는 것을 확인할 수 있다.

그래서 많은 독자는 이 문제를 어떻게 일반화할 것인가 하는 생각을 하게 된다. 즉, 주어진 숫자에 국한하지 않고 모든 숫자의 조합에 대해 답을 찾을 수 있다면 완벽할 것이다. '일반화'를 위해서 이 문제 안에 어떤 값이 변수로 바뀔 수 있는지 살펴보자.

총 인원수 15는 변수 v, 3명씩 한 팀으로 나눌 때의 3은 변수 k, 7일을 산책에서 7은 변수 r이라고 한다. 두 가지 불분명한 변수가 있는데, 문제에서 모든 사람이 1번 같은 팀이 된다. 문제에서 2번, 3번 등을 조합하도록 정할 수 있으므로 이 1도 변수 λ로 표시한다. 앞에서는 총 35개 팀이 생기는데, 이 35도 변수 b로 하면 모두 5개의 변수가 만들어진다.

이 5개의 변수는 독립적이지 않고 그들 사이에 관계가 있다. 예를 들어, '총 인원수 × 산책 일수 = 총 팀수'이다.

$$rv = bk$$
$$r(k-1) = \lambda(v-1)$$

5개 수들 사이에 두 개의 등식이 성립하며 그중 3개를 확정하면 다른 두 개의 수를 계산할 수 있다. 하지만 이 5개 수가 문제를 논의하는 과정에서 자주 나왔기 때문에 수학자는 이 5개 변수를 정의했다. '5개 변수 두 개의 등식'은 뒤에 여러 번 언급할 것이니 잠시 기억해주길 바란다.

이런 문제를 수학에서는 '블록 설계block design'라고 하는데, 우리의 목표는 여학생이 산책하는 그룹, 즉 '팀별', 또는 줄여서 '블록'을 디자인하는 것이기 때문이다. 또 최종 설계는 전체 15명 중 3명을 조합할 필요가 없기 때문에 '불완전 블록 설계incomplete block design'라고 부른다. 또한 최종 결과가 매우 대칭적이므로 모든 사람이 산책을 나가는 일수가 같고, 두 사람의 조합이 딱 한 번 있기 때문에 우리는 이러한 설계가 균형적이라고 생각한다. 따라서 이 문제는 일반적으로 영어로 약칭 'BIBD 설계 문제'라고 하는 '균형 불완전 블록 설계balanced incomplete block design' 문제에 속한다. 특정 변수의 BIBD 설계 문제는 일반적으로 (b, v, r, k, λ)로 표시한다.

예를 들어, '커크먼 여학생 산책문제'의 5가지 변수 값은 각각 총 블록 수 35, 총 15명, 총 7번, 각 팀은 3명, 두 사람은 1번씩 팀

을 이룬다. 그래서 이 문제는 (35, 15, 7, 3, 1) - BIBD 설계 문제이
다. 5개 변수 사이에 두 가지 등식 관계가 성립하기 때문에 우리
는 2개의 변수를 생략하여 '(15, 3, 1) - BIBD 설계 문제'라고도 한
다. 15, 3, 1 이 세 개의 값에 의해 두 값 35와 7은 계산된다.

$b = 15,\ v = 6,\ r = 10,\ k = 4,\ \lambda = 6$

Block		Block		Block	
1	1 2 3 4	6	3 4 5 6	11	1 3 5 6
2	1 4 5 6	7	1 2 3 6	12	2 3 4 6
3	2 3 4 6	8	1 3 4 5	13	1 2 5 6
4	1 2 3 5	9	2 4 5 6	14	1 3 4 6
5	1 2 4 6	10	1 2 4 5	15	2 3 4 5

(15, 6, 10, 4, 6)-BIBD 설계 문제

이렇게 많은 개념을 정의한 것은 이후의 설명을 쉽게 하기 위
해서이다. 우리는 (15, 3, 1) - BIBD 설계 문제로 변경한 후에 많
은 것을 기억하기가 쉬워졌다. 이제 원래 문제를 다음과 같이 수
정할 수 있다.

15명의 여학생을 임의의 2명이 한 번만 같은 팀이 되도록 3명씩 팀으
로 나누어라.

정답에서 35개의 팀으로 구분할 수 있고, 각 여학생은 7개 팀

에 속한다는 것을 알 수 있다. 이것은 원래 문제에서 두 가지 조건이 없어도 된다는 것으로, 이를 인식했다면 문제는 한 단계 업그레이드된 셈이다.

이런 분할을 어떻게 생각할 수 있을지 고민해 보면 컴퓨터 프로그래밍을 이용하거나 종이 위에 점 15개를 찍어서 확인할 수도 있다. 종이에 찍힌 15개 점을 15명의 여학생이라고 하자. 3명이 한 팀이라면 3명을 선으로 연결한다. 그러면 첫째 날에 5개의 선을 표시할 수 있다. 그런 다음, 15개의 점에서 다시 같은 방법으로 연결할 수 있지만, 이미 연결되어 있는 점이 더 이상 연결되지 않도록 해야 한다. 이렇게 반복해서 7개의 그림을 그릴 수 있다면 커크먼 여학생 산책 문제를 해결할 수 있을 것이다.

모든 그림을 겹쳐 놓았을 때, 이 그림이 구현한 결과를 '슈타이너계Steiner system'라고 하는데, 슈타이너계는 일종의 BIBD 설계 문제 중 하나의 솔루션 형식이다. 슈타이너계를 언급하려면 야코프 슈타이너Jacob steiner를 간략하게 소개해야 한다. 슈타이너는 커크먼과 동시대의 수학자로 1796년 스위스에서 태어났다. 커크먼과 비슷한 점은 어린 시절에 제대로 된 교육을 받지 못했다는 것이다. 정규 학교에 입학한 적이 없으며 오랫동안 부모님을 도와 농사를 지었고 심지어 14세 이전에는 글씨도 쓸 줄 몰랐다. 하지만 그는 일찍부터 수학에 뛰어난 재능을 보였다. 스무 살 때, 그는 고향을 떠나 스위스 남서부 도시에서 생활하면서 당시 교육자였던 페스

야코프 슈타이너

탈로치가 설립한 학교에 들어가 교사 겸 학생이 되었다. 이 기간은 슈타이너에게 큰 영향을 끼쳤는데, 그는 수학 교재 속 많은 명제에 대해 새로운 증명을 제시했고, 교수들은 그의 새로운 증명이 간결하고 아름답다는 것을 발견하여 그의 증명을 사용하기 시작했다. 슈타이너는 자신의 수학적 재능에 자신감을 갖게 되었다. 마침내 그는 26세 때 베를린 대학에 입학해 2년간 공부한 뒤 수학자가 되었다.

슈타이너 역시 다소 늦깎이 수학자라고 할 수 있다. 커크먼이 여학생 산책 문제를 제기하기 몇 년 전, 슈타이너도 마침 조합 문제를 연구하고 있었다. 슈타이너가 이때 연구한 문제를 이후 '슈타이너계'라고 명명했는데, 그중 가장 기본적인 연구 대상은 '슈타이너 삼원계Steiner triple system'이다. '삼원계'는 세 개씩 짝을 이룬다는 뜻이다.

커크먼 여학생 산책 문제는 3명씩 팀을 이루는 경우에 대한 질문이었다. 1인 1팀 또는 2인 1팀의 문제는 모두 평범하며, 3인이 한 팀일 때 연구할 가치가 있다. 그래서 슈타이너 삼원계는 BIBD 설계 문제 중 가장 기초적인 문제이다.

그러면 3명씩 팀을 이루는 상황에서 슈타이너 삼원계가 존재할 수 있는 총인원수는 어떤 숫자일까? 우리는 두 가지 예를 생각할 수 있다. 각각 총인원이 7과 15인 경우인데 다른 숫자로 슈타이너 삼원계를 만들 수 있을까? 분명한 것은 안 되는 숫자가 훨씬 많다는 것이다. 고려해야 할 첫 번째 조건은 바로 이 총인원수가 앞에서 말한 조건(5개의 변수는 두 개의 등식을 만족해야 하는데 그렇지 않으면 일부 변수는 정수가 아니므로 만족하지 않는다)을 만족해야 한다. 따라서 이 두 등식은 필요조건이다.

그렇다면 충분조건은 아닐까? 아니다. 1844년 커크먼은 슈타이너 삼원계의 존재를 증명하기 위한 필요충분조건은 총인원수를 6으로 나눈 나머지가 1 또는 3이라는 것을 밝혔다.

$$v \equiv 1 \ (\mathrm{mod}\ 6) \ \text{또는} \ v \equiv 3 \ (\mathrm{mod}\ 6)$$

이것은 아주 멋진 결론이며 또한 필요충분조건이다. 그러나 문제가 아직 끝난 것이 아니며 슈타이너 삼원계가 존재한다고 해서 커크먼의 여학생 산책 문제가 해결되는 것은 아니다. 예를 들어 7명에서 3명씩 짝을 지어 다니는데 7이 3으로 나누어떨어지지 않으니 마땅한 산책 방안이 없는 게 분명하다.

커크먼이 슈타이너 삼원계를 연구한 후에, 어떤 삼원계들은 더욱 강한 성질을 가지고 있다는 것을 발견했다. 즉, 팀의 결과를 같은 수의 몇 개의 조로 나눌 수 있을 뿐만 아니라, 각 조의 원소의 집합이 전체 원소라는 것이다. 또한 15는 3과 9라는 비교적 평범한 두 가지 경우를 제외하고 슈타이너의 삼원계 조건을 최초로 충족하고, 이렇게 계속적인 분해 조건을 만족시키는 숫자이기 때문에 커크먼 여학생 산책 문제를 제기한 것이다.

이후 사람들은 커크먼의 이러한 지속적인 분해 방식을 '분해 가능한 균형 불완전 블록 설계Resolvable balanced incomplete block design'라고 불렀으며, 줄여서 'RBIBD 설계 문제'라고 하였다. 만약 슈타이너 삼원계에 RBIBD 설계가 존재한다면 이를 커크먼 삼원계Kirkman triple system라고 할 수 있다. 즉, 커크먼 삼원계의 정의는 슈타이너 삼원계의 조건보다 더 엄격하며, 슈타이너 삼원계의 부분 집합이다.

또 하나의 문제는 어떤 슈타이너 삼원계가 커크먼 삼원계인가 하는 것이다. 이 문제는 슈타이너 삼원계의 존재 문제보다 훨씬 어렵다. 커크먼 삼원계 존재의 필요조건에 대하여 사람들은 일찍이 두 가지를 발견하였다. 첫째는 총인원수는 정수로 나누어 떨어지지 않는다. 두 번째는 총인원수는 홀수로, 앞에서 말한 것처럼 슈타이너 삼원계에서는 총인원수를 6으로 나눈 나머지가 1이나 3이어야 한다. 이 두 조건을 종합하면 인원수를 6으로 나눈 나머지는 3 즉, $v \equiv 3 \pmod 6$이다.

그렇다면 위의 이 조건이 바로 충분조건일까? 이 문제는 100여 년 동안에도 해결되지 못했다.

다음으로, 사원계와 오원계 등의 존재성에 대해 궁금할 것이다. 오랫동안 수학자들은 무수히 많은 슈타이너 사원계와 오원계가 존재하는지를 파헤쳤다. 2014년 피터 키바쉬Peter keevash의 논문은 이에 긍정적인 답을 내놓았다. 또한 육원계 및 그 이상의 특수한 슈타이너계의 존재 여부는 블록 설계 문제의 중장기 미해결 난제이다. 슈타이너계 문제가 상당히 어려웠으므로 일반적인 커크먼 문제는 말할 것도 없다.

$$(1, 2, 4, 8) \; (3, 5, 6, 7)$$
$$(2, 3, 5, 8) \; (1, 4, 6, 7)$$
$$(3, 4, 6, 8) \; (1, 2, 5, 7)$$
$$(4, 5, 7, 8) \; (1, 2, 3, 6)$$
$$(1, 5, 6, 8) \; (2, 3, 4, 7)$$
$$(2, 6, 7, 8) \; (1, 3, 4, 5)$$
$$(1, 3, 7, 8) \; (2, 4, 5, 6)$$

슈타이너 사원계 $-S(3, 4, 8)$

커크먼 여학생 산책 문제는 '예상 밖'과 '별천지'로 표현될 수 있다. '예상 밖'이라고 말하는 것은 겉으로 보기에는 평범한 순열 조합 문제이지만, 깊이 파헤쳐 보면 내용이 방대하고 심오하기 때문이다. '별천지'로 말하는 것은 이 문제와 연관된 것이 매우 많기 때문인데, 예를 들면, 오일러 방정식, 행렬, 아핀 기하학, 군 등은 오직 관심 있는 이들에게만 연구하도록 미뤄두겠다. 아울러 이 문제에 관련된 학자들은 모두 대기만성형 인재였다. 지금도 아마추어 수학 애호가들이 부지런히 이를 연구하고 있으니, 나는 여러분이 그들의 인생을 배우고 연구하기를 추천한다.

　마지막으로 다음의 문제로 이 장의 내용에 대한 여러분의 이해를 살펴보고자 한다.

Let's play with MATH together

21명의 여학생이 있다. 각각 3명, 7명으로 팀을 짜서 다니는데 수치상으로만 분석하면 BIBD 설계 문제를 찾아낼 수 있을까? 더 나아가 커크먼 산책 설계가 존재할까?

n이 소수인 경우 간단한 방법으로 $(n^2, n, 1)$ 설계를 만들 수 있다. $(5^2, 5, 1)$ 설계를 구성해 보자.

매듭을 수학적으로 연구하는 법

수학의 연구 대상은 무궁무진하다. 수학으로 '매듭'을 연구할 수 있을지 생각해 본 적이 있는가?

어린 시절, 매듭의 모양을 그릴 때 어떻게 그것이 진짜 매듭이라고 생각할 수 있는지, 즉 매듭의 양 끝을 잡아당겼을 때 풀리지 않는지에 대한 질문을 접해 본 적이 있을 것이다. 이것은 매듭 이론을 최초로 연구한 출발점이다. 그러나 수학자들은 만약 두 개의 매듭의 끝이 있다면 문제에 대한 묘사가 간단하지 않다는 것을 발견했기 때문에, 수학에서 매듭은 두 개의 끝을 연결하도록 정하였다. 이렇게 수학에서 '매듭'은 연결된 고리로 3차원 공간에서 얽혀 이루어진 하나의 공간 다각형이다.

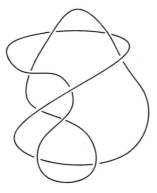

이 매듭은 매우 복잡하게 보이지만, 하나의 고리로 환원할 수 있다. 매듭이 고리인지 아닌지를 판정하는 간단한 방법이 있는지 없는지는 연구할 가치가 있는 문제이다.

매듭 모양은 다양하다. 따라서 회사의 로고로 매듭 모양을 채택하는 경우가 많은데, 아래의 그림은 매우 일반적인 수학의 매듭이다(차이나유니콤의 로고).

어느 방송사의 2010년 이전 로고는 '세잎 매듭'이었다.

끈 하나로 만들 수 있는 고리의 가장 간단한 형상은 당연히 원형이며, 이것은 가장 간단한 매듭의 일종이라고 생각할 수 있다. 이런 모양을 '원형 매듭'이라고 부른다.

게임 스튜디오 Treyarch의 로고는 세잎 매듭과 매우 흡사하지만 자세히 보면 원형 매듭임을 알 수 있다.

그러나 모든 매듭이 원형 매듭이 되는 것은 아니기 때문에, 다음과 같은 질문을 할 수 있다.

"매듭의 형태가 주어질 때, 그것이 자명한 원형 매듭인지 아닌지를 어떻게 판정할 수 있는가?" 혹은 더 일반적으로 "두 개의 매듭이 주어질 때, 그것이 같은 매듭이라고 어떻게 판정할 수 있는가?"

물론 간단한 매듭에 대해서는 눈대중으로도 판정할 수 있지만, 매우 복잡한 모양에 대해서는 그냥 훑어봐서는 성질을 알아내기 힘들다. 따라서 수학자들은 적절한 수학적 방법을 찾아 매듭을 연구하기 시작하였다.

여기서 한 가지 어려운 점은 같은 매듭이라도 모양이 천차만별일 수 있다는 것이다. 우리는 다양한 변화를 무시하고 우리가 필요로 하는 변화에만 주목해야 한다. 그래서 수학자들은 '불변량', 즉 변화하는 대상의 어떤 변하지 않는 속성을 찾으려고 한다. 우리가 몇십 년 동안 만나지 못했던 친구를 다시 만난 것처럼 그의 외모는 많이 변했을지 모르지만 그의 목소리나 표정, 기질은 변하지 않았다는 것을 알게 될 것이다. 그렇다면 이 속성들이 바로 '불변량'이고, 이 속성들은 우리가 한 사람을 식별하는 데 도움을 줄 수 있다. 매듭에 대해서도 이런 속성을 찾아야 한다.

가우스는 일찍이 하나의 매듭을 숫자로 표현할 수 있는 방법을 생각해냈다. 다른 사람이 이 숫자를 보았을 때 대응하는 매듭을 복원할 수 있다. 그러나 그의 방법에서는 같은 매듭을 여러 가지 다르게 표현할 수 있고, 두 숫자열이 같은 매듭을 나타내는지 여부를 판단하는 간단한 방법이 없기 때문에 매듭의 분류에는 그다지 유용하지 않다.

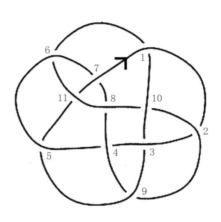

가우스의 매듭 숫자 표기법은 매듭을 평면에 그려서 매듭의 임의의 위치에서 방향을 정하고 선을 따라 이 매듭을 따라간다. 어떤 '교차점'을 처음 통과할 때, 그 교차점에 번호를 매긴다. 그리고 교차점 위쪽에서 지날 경우 번호를 양(+)으로 하고, 교차점 아래쪽에서 지날 경우 번호를 음(−)으로 한다. 그러면 위 그림에서 매듭의 '가우스 숫자 표시'는 다음과 같다.

1, −2, 3, −4, 5, 6, −7, −8, 4, −9, 2, −10, 8, 11, −6, −1, 10, −3, 9, −5, −11, 7

이 방법은 같은 매듭의 환원을 보장할 수 없기 때문에 약간 변화된 '확장된 가우스 표시'가 있다.

어떤 교차점을 두 번 통과할 때 숫자의 양과 음은 교차점을 구성하는 두 선분의 '손'에 의해 결정된다. 오른손은 양(+), 왼손은 음(-)이다. 이와 같은 방법으로 위 매듭의 '확장 가우스 표시'는 다음과 같다.

1, -2, 3, -4, 5, 6, -7, -8, -4, -9, -2, -10, 8, 11, 6, -1, 10, 3, 9, -5, -11, -7

그렇다면 하나의 매듭에 어떤 불변량이 있는가? 우리가 생각할 수 있는 첫 번째 성질은 교차점 수이다. 매듭 하나를 책상 위에 평평하게 정리해서 놓으면 끈과 끈 사이의 교차점을 약간 줄일 수 있는데, 어느 정도 되면 더 이상 줄일 수 없다. 그렇다면 교차점의 수는 매듭의 불변량이다.

예를 들어, 자명한 원형 매듭의 경우 교차점의 수는 0이 된다. 그리고 가장 단순한 비자명한 매듭인 '세잎 매듭'의 교차점은 3이다. 아쉽게도 교차점 수는 매우 유용한 매듭 불변량이 아니다. 주어진 매듭의 교차점 수가 이미 가장 적다고 판정할 수 있는 확실한 방법이 없다.

예를 들어, 차이나유니콤China Unicom의 로고의 경우 총 9개의 교차점이 있지만, 이 중 5개의 교차점은 정확한 상하 관계를 그려내지 못하고 있다. 여러분은 맨 왼쪽과 맨 오른쪽의 2개의 교차점이 분명히 제거될 수 있다는 것을 발견할 수 있다.

　나머지 3개 교차점의 상하 관계를 마음대로 조정할 수 있다면 차이나유니콤 로고는 자명한 원형 매듭으로 환원될 수 있을까? 조금만 살펴보면 가능하다는 것을 알 수 있다. 그런데 그것을 원래 고리로 환원할 수 없도록 하는 3개의 교차점에 대한 어떤 배치가 있는지 묻는다면, 그 3개의 교차점의 상하 관계가 8가지 조합이라는 것을 알게 될 것이다. 각 조합마다 한 번씩 생각해 보는 것도 상당히 번거롭고 복잡한 일이 될 것이라는 것은 말할 필요도 없다.

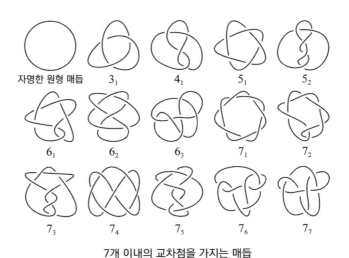

자명한 원형 매듭　　3_1　　4_1　　5_1　　5_2

6_1　　6_2　　6_3　　7_1　　7_2

7_3　　7_4　　7_5　　7_6　　7_7

7개 이내의 교차점을 가지는 매듭

매듭의 최소 교차점의 수를 쉽게 판정할 수 없으며, '교차점 수'를 매듭 불변량으로 하는 것은 중대한 결함이다. 같은 교차점의 수를 가지더라도 서로 다른 매듭이 존재하며, 교차점이 많을수록 서로 다른 매듭의 수가 많다. 이는 교차점 수가 매듭을 잘 구분하지 못한다는 것을 의미하며, 또 다른 결함이다.

매듭 이론 역사상 중대한 연구가 두 차례 진행되었다. 첫 번째는 1928년, 미국 수학자 바델 알렉산더가 '알렉산더 다항식'이라고 하는 매듭 불변량을 제안한 것이다. 그는 만약 두 개의 매듭이 서로 치환될 수 있다면, 그것들의 이 다항식도 서로 치환될 수 있다는 것을 증명하였다. 이 다항식을 이용하면 두 매듭이 '동치'인지 아닌지를 판정하는 것이 훨씬 쉬운데, 다항식은 직접 도형을 보는 것보다 훨씬 편리하기 때문에 이것은 중대한 돌파구이다. 알렉산더 자신도 많은 매듭을 분류해 목록을 만들어냈다.

1970년대 영국의 수학자 존 H. 콘웨이는 '알렉산더 다항식'의 변형과 또 다른 표현법을 독자적으로 발명했다. 이 다항식은 때때로 '알렉산더-콘웨이 다항식'이라고도 한다. 콘웨이 표기법은 쓰기가 비교적 간단하다.

매듭 하나를 평면에 그린다.

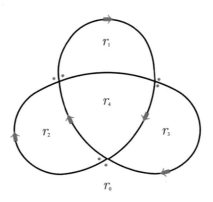

교차점 부근에 두 개의 붉은 점이 있는데, 두 붉은 점의 오른쪽에 있는 곡선이 다른 곡선의 아래를 지나가고 있음을 나타낸다. 붉은 점은 또한 방향을 나타내는 역할을 하는데, 어떤 교차점 부근에서 항상 두 개의 붉은 점이 왼쪽에 있는 방식으로 교차점을 통과하여 앞으로 나아가는 방향으로 작용한다. 이와 같이 전체 매듭에 대해 방향을 정할 수 있다(위 그림 참조).

n개의 교차점을 가지는 매듭은 전체 평면을 $n+2$개의 영역으로 분할한다. 각 교차점에 대해서는 c_1에서 c_n으로 번호를 매기고, 각 영역에 대해서는 r_0에서 r_{n+1}로 번호를 매긴다.

이제 전체 매듭 $n \times (n+2)$를 구성하는 '행렬'이 생성된다. 행렬의 각 행은 하나의 교차점에 대응하고 각 열은 하나의 영역에 대응하며 행렬의 성분은 0, 1, −1, x, $-x$ 중 하나이다. 행렬의 성분은 다음과 같은 규칙에 따라 결정된다.

매듭의 특정 교차점과 다른 영역의 관계를 차례로 조사한다. 만약 어떤 영역이 이 교차점에 인접하지 않는다면, 그 열의 요소는 0이 된다. 만약 인접한다면,

영역이 교차점을 통과하기 전의 왼쪽이다 : $-x$

영역이 교차점을 통과하기 전의 오른쪽이다 : 1

영역이 교차점을 통과한 후의 왼쪽이다 : x

영역이 교차점을 통과한 후의 오른쪽이다 : −1

예를 들어, 교차점 c_1에 대해서,

r_0가 교차점을 통과하기 전의 왼쪽에 나타난다 : $-x$

r_1이 인접하지 않는다 : 0

r_2는 교차점을 통과한 후의 왼쪽에 나타난다 : x

r_3는 교차점을 통과하기 전의 오른쪽에 나타난다 : 1

r_4는 교차점을 통과한 후의 오른쪽에 나타난다 : −1

따라서 전체 3개의 교차점에 대해서 각 행은 꼭짓점, 각 열은 영역을 나타내어 다음과 같은 표를 완성할 수 있다.

교차점/영역	0	1	2	3	4
1	$-x$	0	x	1	−1
2	$-x$	1	0	x	−1
3	$-x$	x	1	0	−1

대응하는 행렬은 다음과 같다.

$$\begin{bmatrix} -x & 0 & x & 1 & -1 \\ -x & 1 & 0 & x & -1 \\ -x & x & 1 & 0 & -1 \end{bmatrix}$$

이제 이 행렬에서 두 열을 삭제하고 행렬식 값을 계산하기 위해 정사각행렬을 얻어야 한다. 규칙은 인접한 두 영역을 모두 선택하는 것이다. 예를 들어, 영역 0이 영역 1에 인접하면, 영역 0과 영역 1을 나타내는 1열과 2열을 행렬에서 삭제하여 정사각행렬을 얻는다.

$$\begin{bmatrix} x & 1 & -1 \\ 0 & x & -1 \\ 1 & 0 & -1 \end{bmatrix}$$

행렬식을 계산한 결과는,

$$- x \left(1 - x + x^2 \right)$$

이다.

만약 영역 2와 영역 4를 선택한다면 3열과 5열을 행렬에서 삭제하여 정사각행렬을 얻는다.

$$\begin{bmatrix} -x & 0 & 1 \\ -x & 1 & x \\ -x & x & 0 \end{bmatrix}$$

이때, 행렬식을 계산한 결과는,

$$x \left(1 - x + x^2 \right)$$

이다. 여기에서 인접 영역이 나타내는 열을 제거한 후 계산된 행렬식은 모두 인수 $1 - x + x^2$을 가지며, 또 다른 인수의 형식은 x^n (n은 정수)임을 증명할 수 있다.

다항식 $1 - x + x^2$은 세잎매듭의 '알렉산더 다항식'이다.

그러나 알렉산더 다항식에도 결점이 하나 있는데, 작은 수의 경우 서로 다른 매듭이 나타내는 알렉산더 다항식이 같을 수 있다는 것이다. 특히 어떤 매듭의 거울에 비친 꼴은 필연적으로 같은 알렉산더 다항식을 갖게 된다. 예를 들어, 세잎매듭을 만들고 거울에 비출 때 세잎매듭의 거울상을 볼 수 있다. 그것들은 분명히 많은 같은 성질을 가지고 있지만, 세잎매듭이 어떻게 바뀌어도 거울 속의 형상으로 그것을 만들 수 없다. 그런 의미에서 세잎매듭과 그것의 거울상은 두 가지 매듭인데, 알렉산더 다항식은 그것들을 구별할 수 없다.

더 극단적이고 놀라운 예는 자명한 원형 매듭이다. 자명한 원형 매듭의 알렉산더 다항식은 1이지만, 상당히 복잡해 보이는 다른 매듭의 알렉산더 다항식도 대부분 1이다. 이것도 알렉산더 다항식의 단점이다.

매듭 이론의 또 다른 중대한 돌파구는 1984년의 발견이다. 뉴질랜드의 수학자 본 존스Vaughan Jones는 또 다른 매듭 불변량을 발견했는데, 지금은 '존스 다항식'이라고 부른다. 이 다항식은 매듭을 구별하고 표현하는 것이 알렉산더 다항식보다 우수하다.

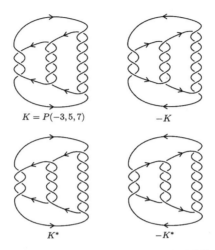

$K = P(-3, 5, 7)$ $-K$

K^* $-K^*$

'Pretzel knot (−3 5 7)'의 알렉산더 다항식도 1이며 재미있고, 예상치 못한 특징이 많다.

더욱 기묘한 것은 존스 다항식을 발표한 직후 미국 물리학자 에드워드 위튼Edward Witten이 존스 다항식과 양자장론quantum field theory 사이에 묘한 연관성이 있다는 사실을 밝혀낸 것이다. 에드워드 위튼은 끈 이론과 양자장론 분야의 최고 과학자이자 'M이론'의 창시자이므로 어떤 독자들에게는 친숙한 이름일 것이다. M이론은 현재 유력한 대통일 이론grand unified theory, GUT 후보이다. 에드워드 위튼은 존스 다항식이 양자장론에 적용될 수 있다는 것을 발견했는데, 이 발견은 우주의 미시적 구조에 매듭이 하나씩 존재하는가 하는 상상을 하게 한다.

매듭	알렉산더 다항식	존스 다항식	콘웨이 다항식	명칭
	$1-t+t^2$	$t+t^3-t^4$	$1+z^2$	3_1/세잎매듭
	$1-3t+t^2$	$t^{-2}-t^{-1}+1-t+t^2$	$1-z^2$	4_1/8자 매듭
	$1-t+t^2-t^3+t^4$	$t^2+t^4-t^5+t^6-t^7$	$1+3z^2+z^4$	5_1/오엽 매듭
	$(1-t+t^2)^2$	$t^{-1}-1+2t-2t^2+2t^3-2t^4+t^5$	$1-z^2-z^4$	6_2/평매듭
	$(1-t+t^2)^2$	$-t^{-3}+2t^{-2}-2t^{-1}+3-2t+2t^2-t^3$	$1+z^2+z^4$	6_3/그래니 매듭

존스와 위튼의 발견은 매우 중요해서, 두 사람 모두 1990년에 수학계의 최고 영예 중의 하나인 필즈상을 수상하였다. 위튼은 현재 수학 분야 필즈상을 수상한 유일한 물리학자라는 점에서 이례적이다. 존스는 가장 짧은 논문으로 필즈상을 받은 사람으로도 꼽힌다. 그의 존스 다항식에 관한 논문은 모두 8쪽인데, 그중 4쪽이 일부 매듭의 다항식 표와 인용이 실려 있어 논문의 실제 내용

은 4쪽 정도다. 4쪽 분량의 논문만으로 필즈상을 받은 것은 전례 없는 일이다.

이상 우리는 매듭의 두 다항식이 나타내는 불변량인 알렉산더 다항식과 존스 다항식에 대해 간단히 이야기했다.

다음은 매듭의 다른 흥미로운 성질인 매듭의 분해와 덧셈 조합에 대해 알아보려고 한다. 여기서는 먼저 매듭의 조합을 정의해야 하는데, 그 조합을 흔히 줄여서 '덧셈'이라고 부른다. 사실 우리는 매듭의 덧셈이 두 매듭을 연결하는 것이라고 생각할 수 있다. 매듭을 연결하는 방법은 여러 가지가 있는데, 우리는 정확한 정의를 내려 오류가 없도록 해야 한다. 다음과 같은 두 매듭에 대해 '덧셈'을 실시한다고 가정하자.

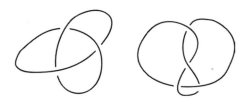

두 매듭을 겹치지 않게 서로 가까이 두자. 매듭 사이에 임의의 사각형 영역을 찾으면 이 사각형의 두 변은 각각 두 매듭의 어느 부분이고, 사각형은 다음 그림의 어두운 영역으로 나타내듯이 어떤 매듭의 부분을 덮을 수 없다.

　사각형에서 두 쌍의 대변의 4개의 끝점을 잘라 열린 부분을 얻는다. 위의 두 끝을 서로 연결하고 아래의 두 끝도 하나로 연결하면 새로운 매듭을 얻을 수 있다. 이 매듭을 원래 두 매듭의 '연결합'이라고 한다.

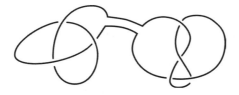

　이 덧셈 정의에서 두 매듭의 덧셈 결과는 유일할까? 위의 정의는 가까운 두 부분만을 선택하여 연결하므로 연결된 위치는 임의로 선택할 수 있다. 그러면 서로 다른 부분을 연결해도 얻어진 매듭은 여전히 동일한가? 수학자는 엄격한 정의하에 이런 덧셈의 결과가 유일하다는 것을 증명하였다.

　매듭의 덧셈이 있다면, 그것의 역조작은 매듭의 분해이다. 조합과 분해 조작이 있으면, 우리는 단번에 많은 흥미로운 문제를 고려할 수 있다. 예를 들어, 매듭의 덧셈에는 교환법칙과 결합법칙이 있을까? 대답은 '있다'이다. 각자 검증해 보길 바란다.

하나의 매듭에 자명한 원형 매듭을 더하면 그 결과는 자기 자신이라는 자명한 결론도 있다. 그렇다면 두 개 이상의 비자명한 매듭이 존재하여 두 개를 더한 결과가 자명한 매듭이 될 수 있을까? 매듭 하나에 그것의 거울상을 합하면 서로 '상쇄'되어 결국 '고리가 되지 않을까'라는 추측도 할 수 있다.

답은 좀 의외인데 부정적이다. 1949년에 수학자 슈베르트 Schubert는 자명한 매듭 하나에 어떠한 매듭을 더해도 그것을 상쇄할 수 없다는 것을 증명하였다.

매듭의 덧셈에 관한 두 가지 흥미로운 예를 언급하자면 세잎매듭은 가장 단순한 비자명한 매듭이다. 세잎매듭에 세잎매듭을 더하여 얻은 도형을 '그래니 매듭granny knot'이라고 한다. 나는 이것을 '할머니 매듭'이라고 부르겠다.

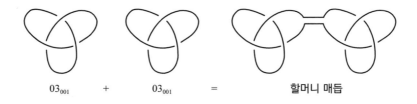

$$03_{001} \quad + \quad 03_{001} \quad = \quad \text{할머니 매듭}$$

'세잎매듭+세잎매듭의 거울상'으로 얻은 매듭을 '평매듭'이라고 한다. 평매듭에 대해 아는 사람이 더 많을 텐데, 이는 실용적인 매듭 방식이기 때문에 응급구조 시 붕대를 고정하는 데 자주 사용된다. 할머니 매듭과 평매듭은 암벽등반에서 매우 실용적인 매듭으로 암벽등반 애호가들과 선원들이 이 두 매듭에 대해 매우 익숙할 것이라고 생각된다.

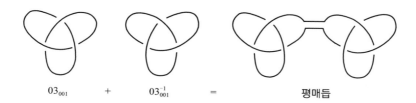

$$03_{001} \quad + \quad 03^{-1}_{001} \quad = \quad \text{평매듭}$$

매듭 이론에서 평매듭과 할머니 매듭은 같은 알렉산더 다항식을 가지는데 존스 다항식은 이들을 구별할 수 있다.

매듭의 분해가 더 흥미롭다. 매듭의 분해는 바로 매듭 덧셈의 역연산이다. 분명한 것은 이런 매듭들이 존재하지만, 그것들을 분해할 방법이 없다. 분해하고자 한다면 세잎매듭과 같은 자명한 매듭만 구분할 수 있다. 이렇게 분해되지 않는 매듭에 수학자는 '소수 매듭Prime knot'이라는 이름을 붙였다.

여기서 우리는 매듭을 정수로, 자명한 매듭을 숫자 1로 생각할 수 있다. 매듭의 분해를 소인수분해에 비유하면 '소수 매듭'이 소수와 같아서 '소수 매듭'이라고 명명되었다.

이는 매듭의 세계에 '유일한 인수분해가 있는가' 하는 흥미로운 질문을 가져온다. 즉, 하나의 매듭이 소수 매듭이 아니라 '합성 매듭'일 때, 이 합성 매듭의 분해는 여러 개 소수 매듭의 조합으로 분해하면 그 결과가 유일할까?

대답은 '그렇다'이다. 1949년 수학자 슈베르트는 (매듭의 방향을 정한 뒤) 합성 매듭의 분해 결과가 유일하다는 것을 증명했다.

또 다른 흥미로운 질문은 무수히 많은 매듭이 존재하는가이다. 이것의 답도 긍정적이다. 서로 다른 교차점의 수를 가질 때, 소수 매듭의 개수는 아래 표와 같다.

n	n개 교차점의 소수 매듭 수 (거울상은 포함하지 않음)
1	0
2	0
3	1
4	1
5	2
6	3
7	7
8	21
9	49
10	165
11	552
12	2176
13	9988
14	46972
15	253293
16	1388705
......	......

매듭이 소수 매듭인지 아니면 합성 매듭을 분해한 것인지 판정하는 방법이 있을까? 답은 소인수분해와 같이 현재 매듭이 소수 매듭인지 또는 매듭으로 분해되는지 여부를 판단할 수 있는 간단하고 빠른 알고리즘이 없다. 따라서 어떤 매듭에서 어떻게 '소수 매듭 분해'를 할 것인가는 비교적 어려운 문제이다. 이 때문에 매듭으로 비대칭 암호화 체계를 구축하겠다는 구상까지 나오고 있다.

여기까지 매듭 이론의 일부를 살펴보았다. 정리하자면 알렉산더 다항식과 존스 다항식이 있고, 그것들은 모두 '매듭 불변량'이며, 존스 다항식은 또한 물리에서 양자장론과 관련이 있다. 매듭은 숫자와 같아서 덧셈과 분해 조작을 할 수 있는데, 여기서 많은 성질은 정수의 소인수분해와 매우 유사하다. 매듭 이론의 기원은 매우 간단하다. 이는 사람들이 매듭을 분류하고 정리하기를 원하기 때문이다. 물리학에서 가장 앞서가는 이론과 연계될 정도로 파생된 화두가 매우 많아서 감탄하지 않을 수 없다.

Let's play with MATH together

할머니 매듭 또는 평매듭의 알렉산더 다항식을 계산하시오.

제4장

누구든지 수학의
'에베레스트'에 오를 수 있다

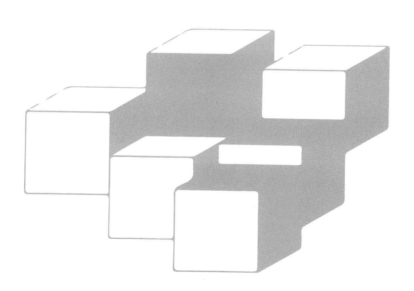

수학자의 종이 컴퓨터

2015년 「이미테이션 게임The Imitation Game」이라는 영화가 개봉되었다. 이 영화의 내용은 바로 영국의 수학자이자 컴퓨터 과학자인 앨런 튜링Alan Turing(1912~1954)의 생애를 배경으로 한 것이다.

앨런 튜링은 '컴퓨터 과학의 아버지'로 알려져 있다.

여러분은 '튜링 머신Turing machine'에 대해 들어본 적이 있을 것이다. 이것은 튜링의 이름을 딴 상상 속의 기계이다. 비록 튜링 머신은 이론적인 기계에 불과했지만, 후에 이 기계는 현대 컴퓨터로 시뮬레이션 되었고 누군가가 실제로 튜링 머신을 만들었다.

새로운 개념을 이해하기 전에, 우리는 왜 이 개념을 알아야 할까? 튜링은 왜 튜링 머신이라는 개념을 제안했을까? 튜링은 힐베르트David Hilbert와 그의 제자 빌헬름 아커만Wilhelm Ackermann이 1928년에 던진 질문에 답하고 싶었다.

어떤 형식 언어Formal language에 있는 논리 명제에 대해 그 명제의 진위를 판단하고 최종적으로 판단 결과를 출력할 수 있는 알고리즘이 존재할까? 이 문제는 이후 '결정 문제Entscheidungs problem'라고 불렀다.

여러분은 이 문제가 좀 어리둥절할 것이다. '형식 언어'란 무엇이고, 여기서 '논리 명제'와 '알고리즘'은 또 무엇인가. 서두르지 말고 역사를 거슬러 올라가 생각해 보자.

이 문제는 17세기 저명한 수학자 라이프니츠부터 시작된다. 당시 라이프니츠는 파스칼의 발명을 바탕으로 기계장치로 구동되는 계산 기계를 설계 및 제작했다. 라이프니츠는 한 걸음 더 나아가 미래에 수학적 연산뿐 아니라 논리적 추리까지 할 수 있는 기계가 있다면 정말 멋질 것이라고 구상했다. 기계에 어떤 수학적 명제를 '알려주기'만 하면 기계가 이 명제가 맞는지 아닌지를 출력할 수 있게 하는 것이다. 그는 이 목표를 달성하기 위한 첫 번째 단계로 기계가 읽을 수 있는 '형식 언어'가 필요하다는 것을 깨달았다.

라이프니츠가 설계해 만든 기계 계산 장치의 복제품

　누군가는 수학적으로 증명된 과정이 모두 기호로 표현될 수 있다면 기호 표시의 실제적 의미를 이해할 필요가 없어도 된다는 생각을 했을 수도 있다. 만약 수학 명제의 증명 과정을 일종의 규칙적으로 따를 수 있는 기호 놀이로 바꿀 수 있다면, 컴퓨터가 모든 것을 처리할 수 있게 되어 수학자들은 아마도 모두 해고될 것이다.

　그러나 인류는 아직 이 목표와는 거리가 멀고, 현재 가장 좋은 결과는 기계가 '증명'을 검사하는 정도이다. 이후에 소개될 케플러 추측의 증명 과정에서 헤일스[Thomas Hales]는 그의 증명이 참임을 증명하기 위해 11년이라는 시간을 아끼지 않고 원래의 증명을 형식 언어로 한 번 다시 쓴 뒤 기계 증명 검사 소프트웨어에 맡겨 검사를 실시하였고 그의 증명이 참이라는 것을 최종 확인하였다.

결론적으로 라이프니츠는 기계 증명에 관한 초기 아이디어를 제시하면서 형식 언어의 확립이 필요하다고 제안했다. 19세기 말, 20세기 초에 이르러 수학자들은 수학의 공리화 방면에서 많은 시도를 하였으며, 주류 수학자들은 체르멜로 프렝켈 집합론 Zermelo Fraenkel set theory에 '선택 공리'를 추가하여 구성된 'ZFC 공리계'를 받아들여 수학의 논리 추리 규칙의 기초로 페아노 산술 공리를 수학적 연구 대상의 정의 기점으로 삼았다. 이 두 공리는 수학 빌딩의 지반을 구성한다.

1900년 독일의 수학자 힐베르트는 그 유명한 20세기의 중대한 23가지 수학 문제를 발표했다. 발표된 문제들을 보면 힐베르트는 완벽한 수학적 기반을 구축하는 데 희망적이었다. 그중 10번째 문제는 다음과 같다.

일반적인 디오판토스 방정식Diophantine Equation의 경우 특정 알고리즘을 통해 몇 개의 단계를 거쳐 이러한 방정식에 정수해가 있는지 여부를 판단할 수 있을까?

디오판토스 방정식은 식보다 미지수의 개수가 더 많은 방정식으로, 일반적으로 이런 방정식은 모두 무수히 많은 해를 가진다.

하지만 우리는 항상 정수해만을 고려하는데, 그러면 이런 방정식의 해는 유한하거나 심지어 해가 없을 수도 있다. 예를 들어, '페르마 대정리'는 해가 없는 디오판토스 방정식이다. 우리는 힐베르트가 발표한 10번째 문제가 기계 증명 문제에 대한 특별한 예라는 것을 알 수 있다.

[디오판토스 방정식]

디오판토스 방정식은 미지수의 수가 방정식의 수보다 많은 방정식이며, '부정방정식'이라고도 한다. 일반적인 상황에서 미지수의 수가 방정식의 수보다 많을 때 방정식은 무수히 많은 해를 갖는다. 디오판토스 방정식은 항상 해의 범위에 조건을 두는데 일반적으로 해를 정수나 유리수로 제한하여 방정식에 더 깊은 의미를 갖게 한다. 다음 두 방정식이 바로 디오판토스 방정식의 예이다.

$$(1)\ 3x + 4y = 100$$
$$(2)\ x^2 + y^2 = 125$$

위 방정식 (1), (2)는 양의 정수해를 가질까?

1901년에 '러셀의 역설'이 제기되었으나, 러셀의 역설 속의 자기 지향적 명제는 아무리 보아도 수학에서 연구해야 할 명제처럼 보이지 않았다. 그래서 1928년 힐베르트는 1900년에 제기된 10

번째 문제를 일반화하기도 했다.

유한 단계 내에서 임의의 형식화된 수학적 명제에 대해, 참 또는 거짓을 판단할 수 있는 알고리즘이 있는가?

여기서 '형식화'된 명제에 관하여 모두가 이해하기 쉬운 예를 하나 들겠다. 수학에서 명제는 모두 '가정'과 '결론'의 두 부분이 있으며, 일반적인 논리 형식은 다음과 같다.

어떤 '가정'이 있기 때문에 어떤 '결론'을 초래한다. 그리고 '가정'과 '결론' 부분은 종종 '존재' 또는 '임의의'라는 두 단어로 시작하는 문장이다. 예를 들어 골드바흐 추측은 다음과 같다.

2보다 큰 임의의 짝수는 두 개의 소수의 합과 같다.

우리는 '존재' 또는 '임의의'라는 두 단어를 기호로 표현하기만 하면, 수학 명제가 모두 기호로 표현되기 쉽다는 것을 알 수 있다. 수학자는 두 개의 기호 － ∃는 '존재', ∀는 '임의의' －를 만들어 그 의미를 나타낸다. 예를 들어, 골드바흐의 추측은 다음과 같이 표현할 수 있다.

$$\forall \text{ 짝수 } a > 2, \exists \text{ 소수 } c, d, c + d = a$$

여기서 나는 여전히 '짝수', '소수' 같은 문자를 사용했다. 사실 짝수와 소수의 정의는 다른 기호로 표현이 용이하므로 컴퓨터가 기호 표현의 진정한 의미를 완전히 이해하지 못하더라도 이 기호들을 모두 컴퓨터에 입력하면 처리할 수 있다.

이상과 같이 기호로 표현된 명제가 바로 형식화된 '1차 논리 명제'이다.

잠시 '2차 논리 명제'가 무엇인지 짚고 넘어가자. 1차 논리에서는 '존재' 또는 '임의의'라는 두 개의 기호 뒤에 하나의 일반적인 진술문만 따를 수 있다. 그러나 '존재' 또는 '임의의'라는 두 서술어 뒤에 하나의 1차 논리 명제를 내포하도록 허용한다면, 전체 명제는 하나의 2차 논리 명제가 된다.

임의에 a에 대하여(임의에 b에 대하여…, 임의의 c가 되도록 …을 만족하는 a, b, c가 존재한다), (다른 1차 논리 명제 …)이 되도록 (임의의 e에 대하여, a, d, e가 되도록 …을 만족하는 …)인 d가 존재한다.

위의 문구는 마치 1차 논리의 일반화처럼 보인다. 수학에서 99% 이상의 명제는 1차 논리로 설명할 수 있다. 한편, 1차 논리로 묘사할 수 있는 명제들은 반드시 2차 논리로만 증명할 수 있다.

지금까지 많은 배경을 얘기했으니 이제 튜링 머신이 무엇인지 소개할 수 있다.

튜링 머신은 다음과 같은 성질의 수학적 개념을 가지고 있다.

모든 1차 논리 명제의 진위 여부를 판단하는 문제가 제한된 시간 내에 튜링 머신이 '정지'하는지 여부를 판단하는 문제로 전환될 수 있는지의 문제(튜링 머신의 능력은 1차 논리에 국한되지 않는다)이다.

나아가 튜링은 튜링 머신이 '정지'하는지의 여부를 판단할 수 있는 일반적인 알고리즘이 존재하지 않는다는 것을 증명하였다. 이로써 명제의 진위 판단을 위한 일반적인 알고리즘을 찾으려는 힐베르트의 꿈은 좌절되었다.

튜링 머신을 이해하기 전에 우리는 먼저 하나의 개념을 확립해야 한다. 튜링 머신은 기계가 아니라 완전한 수학 언어로 정의한 수학 개념이다. 기계라고 말하는 이유는 사람들이 이해하기 쉽기 때문이다. 그러나 본질적으로 그것은 수학 언어로 정의된 개념이다. 튜링이 제2차 세계 대전 중 독일군의 암호 기계 '에니그마^{Enigma}'를 해독하기 위해 발명한 장치를 일부 언론이 튜링 머신이라고 부르는 것은 터무니없는 일이다. 사실 튜링이 튜링 머신에 대한 논문을 발표한 것은 1936년으로, 제2차 세계 대전은 유럽 전장에서 3년이 지나서야 시작되었다.

독일이 제2차 세계 대전 중에 사용한 암호 기계 '에니그마'는 튜링이 이끄는 팀에 의해 해독되었다.

비록 튜링 머신은 추상적인 개념이지만 이해를 쉽게 하기 위해 튜링은 처음부터 상상 속의 튜링 머신의 외관을 제공했다. 이후 그 외관을 더욱 상세하게 그려내는 이들이 많았다. 튜링 머신은 다음과 같은 모양이 될 수 있다.

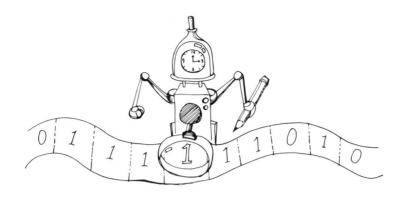

　로봇이 긴 종이테이프를 조작하고 있다. 종이테이프는 이론
상 무한히 길며, 종이테이프에는 작은 네모난 격자무늬로 구분되
어 있다. 이 종이테이프를 컴퓨터 하드디스크라고 생각할 수 있
는데, 각 칸은 튜링 머신이 매번 조작할 때마다 액세스할 수 있는
장치의 크기이다.

　로봇은 격자 안에 있는 정보를 읽거나 쓰는데 이 장치를 '읽기
쓰기 헤드'라고 한다. 읽기 쓰기 헤드는 종이에서 한 칸씩만 이동
할 수 있다. 만약 종이테이프가 하드디스크라고 한다면, 이런 하
드디스크의 읽기 및 쓰기 효율은 매우 낮다. 하지만 상관없다. 튜
링 머신의 설계 목표는 계산 효율을 높이는 것이 아니라 계산 과
정을 추상화하고 단순화하는 것이다.

　로봇 내부에는 '상태'라는 정보가 저장되어 있는데(그림에 나타
난 바와 같이 시계 시각) 튜링 머신은 현재 종이테이프 위치에 있는
정보와 내부 상태에 따라 읽기 쓰기 헤드가 현재 종이테이프의

칸에 어떻게 출력되는지, 읽기 쓰기 헤드가 어느 방향으로 이동하고 내부 상태가 어떻게 변화하는지를 결정한다.

이어 수학에서 튜링 머신의 정의에 대해서도 살펴보고자 한다. 수학에서는 튜링 머신을 7개의 속성으로 설명한다. 바로 이 7개의 속성이 유일하게 한 대의 튜링 머신을 결정한다. 7개의 속성은 좀 많아 보이지만 2개의 속성이 대표적이다.

첫 번째 속성 : 기호symbol 집합, 즉 이 튜링 머신은 종이테이프 위의 정보를 읽고 쓰는데 기호의 종류는 한정되어 있다. 모든 기호의 종류를 튜링 머신의 '기호 수' 또는 '색상 수'라고 하며 줄여서 '색 수'라고 한다. 여기서 기호의 구체적인 모양은 상관없고, 우리는 단지 몇 가지 기호가 있는지에만 관심이 있다. 또한 '공백'이라는 이름의 기호가 있는데, 바로 종이테이프가 비어 있다는 것을 의미한다. 이런 '공백'도 일종의 기호라고 할 수 있는데, 기호 집합에 포함된다. 따라서 일반적인 기호 집합에는 적어도 두 개의 원소가 있으며, 그중 하나는 공백 기호이다.

두 번째 속성 : 상태state 집합, 즉 튜링 머신은 어떤 상태에 있으며 유한이다. 모든 상태 유형의 수를 튜링 머신의 '상태 수'라고 한다. 마찬가지로 구체적으로 각각의 상태가 어떤 의미를 나타내든 상관없고, 단지 몇 가지 상태가 있는지에만 관심이 있으며 한 가지 상태의 튜링 머신도

허용된다. '공백' 기호와 유사하게 '정지'라는 상태가 있는데, 튜링 머신의 연산이 끝나고 기계가 멈춘 상태이다. 그러나 이러한 상태는 일반적으로 상태 집합에 포함되지 않는다.

이 두 가지는 튜링 머신의 가장 주요한 속성이다. 나머지 다섯 가지 속성은 다음과 같다.

세 번째 속성 : 앞에서 언급한 공백 기호이다. 종이테이프의 각 부분 정보의 경계가 어디에 있는지 구별할 수 있는 공백 기호의 존재가 필요하다. 이 책에서 '정보 엔트로피'를 이야기할 때 언급했는데, 만약 기호가 하나밖에 없다면 그것은 정보를 전달할 수 없다.

네 번째 속성 : 초기 입력, 즉 튜링 머신이 실행되기 전 종이테이프의 기호 상태이다.

다섯 번째 속성 : 초기 상태, 즉 튜링 머신이 작동하기 전에 내부에 위치한 어떤 상태이다. 어떤 순간에도 튜링 머신은 한 상태만 가능하다.

여섯 번째 속성 : '수용 상태', 또는 '종료 상태'라고 하는데, 즉 튜링 머신이 이 상태로 들어가면 정지한다. 많은 경우 수용 상태는 앞서 언급했던 정지 상태 한 가지뿐이다.

일곱 번째 속성 : 전이 함수의 집합이다. 전이 함수는 튜링 머신의 변화 과정을 결정하는 컴퓨터 프로그램과 매우 유사하다. 어느 시각에나 튜링 머신이 처한 상황은 두 가지 속성 즉, 현재 읽기 헤드의 작은 격자 안에 있는 기호와 내부 상태를 결정한다. 전이 함수는 입력 인자와 출력 인자가 있는 함수이며, 입력 매개 변수는 이 두 속성의 값을 취하며, 출력 매개 변수는 다음과 같이 3개이다.

1. 현재 격자에 출력된 기호

2. 내부 상태의 변화

3. 읽기 헤드가 방향을 바꾸거나 멈춤

모든 전이 함수의 집합은 튜링 머신이 작동에서 정지될 때까지의 과정을 결정한다. 물론 몇몇 상태의 순환에 들어가거나 읽기 헤드가 오른쪽으로 영원히 이동하는 상황 등에서는 튜링 머신은 멈추지 않는다.

지금까지 튜링 머신의 7가지 속성을 모두 설명하였다. 구체적인 튜링 머신의 예를 보면 이해가 쉽다.

다음과 같은 튜링 머신이 있다고 하자.

두 가지 기호만 있는 튜링 머신 : '_'와 '1'이라는 두 개의 기호만 있고 그중 '_'은 공백 기호이다.

두 가지 상태만 있는 튜링 머신 : '0'과 '1'로 표시되며, 'halt'로 표시되는 '정지'상태가 있다.

전이 함수의 집합은 다음의 표와 같으며, 여기서 '현재 상태'와

'현재 기호'는 함수의 입력이고, 나머지 세 개의 열은 함수의 출력이다.

현재상태	현재기호	출력기호	읽기 쓰기 헤드의 이동 방향	새 상태
0	_	1	오른쪽	1
0	1	1	왼쪽	1
1	_	1	왼쪽	0
1	1	1	왼쪽	halt

그림과 같이 종이테이프의 초기 상태는 모두 비어 있으며 기계의 초기 상태는 0이다.

튜링 머신 시뮬레이터. Tape는 종이테이프를 의미하며 'Head'는 현재 읽기 쓰기 헤드 위치이다. 'Current State'는 현재 내부 상태를, 'Step'은 기계가 이미 작동한 단계를 의미한다.

다음은 이 튜링 머신 작동 과정의 시뮬레이션이다.

첫 번째 단계 : 기계의 내부 상태는 0이다. 현재 읽기 쓰기 헤드가 가리키는 테이프 위치의 기호는 '_'(공백 문자)이며, 이때 '전달 함수'는 첫 번째 행을 실행해야 함을 나타낸다. 따라서 튜링 머신은 현재 위치에서

'1'을 출력하고 읽기 쓰기 헤드를 오른쪽으로 한 칸 이동하면 내부 상태
는 '1'이 되며 실행 결과는 다음 그림과 같다.

두 번째 단계 : 기계 내부 상태는 1, 현재 읽기 쓰기 헤드가 가리키는
종이테이프 위치의 기호는 '_', 이때 '전이 함수'는 세 번째 행이 실행되
어야 함을 나타내므로 튜링 머신은 현재 위치에서 '1'을 출력하고, 읽기
및 쓰기 헤드는 왼쪽으로 한 칸 이동하며, 내부 상태는 '0', 실행 결과는
다음 그림과 같다.

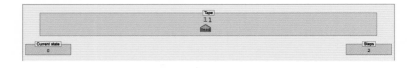

이와 같이 순차적으로 생각해 보면 이후 튜링 머신은 다음 그
림으로 유추된다.

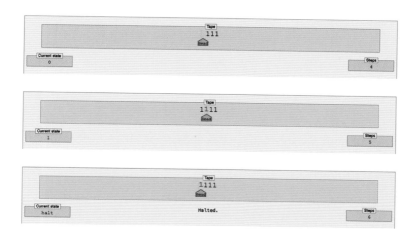

이 튜링 머신은 6단계를 실행한 후 'Halted' 상태, 즉 정지 상태로 들어가며 작동이 종료된다.

튜링 머신의 계산 능력이 매우 저조하고, 의미 있는 계산을 완료하기 위해서 의미 있는 전이 함수의 집합을 설계하는 것이 더욱 어렵다는 것을 알 수 있다. 그러나 묘하게도 튜링은 모든 1차 논리의 수학적 명제가 하나의 튜링 머신으로 전환될 수 있다는 것을 증명했다. 명제의 참과 거짓은 이 튜링 머신이 정지 상태에 들어갈 수 있는지 여부에 달려 있다. 만약 정지되었다면, 우리는 이 튜링 머신 출력에서 이 명제의 참, 거짓을 알 수 있다. 모든 수학 명제는 하나의 숫자에 대응하는데 튜링은 '만물은 모두 튜링 머신'임을 증명하는 것 같다.

'만물이 튜링 머신'이라는 것을 증명하면 힐베르트의 '결정 문제'는 하나의 알고리즘이 존재하는지의 여부가 된다. 어떤 튜링 머신에 대해서, 주어진 입력의 경우에 유한 단계 내에서 정지 여부를 판단할 수 있을까? 튜링은 이런 알고리즘은 존재하지 않음을 증명하였다. 증명 방법은 익숙한 '러셀 패러독스' 형식이다.

이러한 일반적인 판별 알고리즘이 있다고 가정하고 이를 '알고리즘 P'라고 한다. 또한 이러한 튜링 머신을 정의하고 이를 U라고 하며, 이 튜링 머신은 다른 튜링 머신 T와 어떤 입력을 자신의 입력으로 받는다.

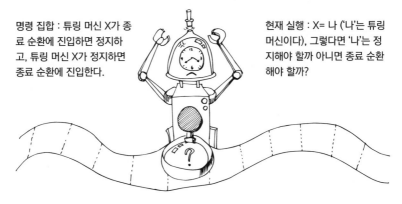

명령 집합 : 튜링 머신 X가 종료 순환에 진입하면 정지하고, 튜링 머신 X가 정지하면 종료 순환에 진입한다.

현재 실행 : X= 나 ('나'는 튜링 머신이다), 그렇다면 '나'는 정지해야 할까 아니면 종료 순환해야 할까?

만약 어떤 튜링 머신이 정지되었는지 여부를 판정할 수 있는 튜링 머신이 있다면, 이 튜링 머신은 위의 명령어 집합을 실행하고 자신이 정지했는지 여부를 판정할 때 역설적이게 된다.

U의 동작 방법은 P를 호출하여 U가 수신한 튜링 머신 T와 입력을 P에게 전달하는 것이다. 만약 P가 'T가 정지하지 않는다'고 판단하면 U는 정지한다. P가 'T가 정지할 수 있다'고 판단하면 U는 정지 순환에 들어간다. U도 튜링 머신이기 때문에 U 자체를 U에게 변수로 전달하면 어떨까? 조금만 생각해 보면 이 안의 모순을 알 수 있는데 U가 멈추거나 멈추지 않으면 안 되기 때문에 이런 알고리즘은 있을 수 없다. 이 문제는 튜링 머신 정지 문제로 유명하다.

어쨌든 튜링은 튜링 머신을 도구로 사용하여 힐베르트가 바라던 일반적인 명제의 진위 판단 알고리즘이 존재하지 않음을 증명하였다. 주의할 점은 일반적인 튜링 머신의 정지 문제는 판정할 수 없지만, 모든 튜링 머신의 정지 문제를 판정할 수 없다는 것은 아니다.

수학자는 4개 이하의 상태 수를 가진 튜링 머신은 모두 판정할 수 있다는 것을 증명하였다(4개 이하의 상태 수에 정지할 수 있는 튜링 머신의 최대 실행 단계 수가 결정되었기 때문이다. 튜링 머신이 이 단계를 초과하여 실행되고도 정지하지 않으면 튜링 머신은 영원히 정지하지 않을 수 있다). 만약 증명된 수학 문제를 튜링 머신 프로그램으로 그 진위 여부를 확인하고자 할 때, 정지 조건이 참이라면 이 튜링 머신이 얼마나 많은 상태이고, 얼마나 많은 시간이 걸리든지 상관없이 반드시 정지할 것이다.

여기까지 튜링 머신에 관해 간단히 알아보았다. 튜링 머신은 계산 능력이 매우 저조하지만 수학자의 좋은 조력자이다. 수학자는 이를 사용하여 일부 논리 및 알고리즘 분야에서 가장 기본적이고 의미 있는 명제를 증명했다.

Let's play with MATH together

(1) $3x + 4y = 100$

(2) $x^2 + y^2 = 125$

위 방정식 (1), (2)는 양의 정수해를 가질까?

8차원 공간에 벽돌 쌓기

벽돌로 쌓은 벽을 본 적이 있을 것이다. 항상 어느 한 층 벽돌의 좌우 양쪽을 위, 아래층 벽돌의 중간 부분과 맞도록 쌓는 것이 기본 규칙이다. 만약 어떤 사람이 '田'자형으로 벽돌을 쌓는다면 그 결과는 어떨까? 아마도 이 벽은 언젠가는 무너지는 무척 위험한 상황을 초래할 것이다.

각 벽돌의 좌우 위치는 항상 위, 아래층과 어긋난다.

벽돌로 벽을 쌓을 때, 각 벽돌을 서로 어긋나게 쌓는 방법이 있을까? 여기서 우리는 먼저 '어긋나게 쌓는다'에 대한 정확한 정의를 내려야 한다.

우선 2차원 평면을 직사각형으로 채운다고 생각하면 평면 위에서 '어긋나게 쌓는다'의 정의는 다음과 같다.

완전히 채워진 평면에서 임의의 두 개의 직사각형의 길이가 같은 변이 겹치지 않는다.

직사각형을 벽돌로 생각해도 이렇게 정의할 수 있을까? 답은 가능하다. 핵심은 벽돌의 가로, 세로 길이가 다르다는 것이다. 벽돌은 하중이 크고 견고하지 않기 때문에 실제로 이 방식으로 벽을 쌓는 사람은 드물다. 단지 예시일 뿐이다.

직사각형 채우기 모형. 'herringbone(청어 뼈)'이라고 불리며 한자로 사람 인人 무늬이다.

2차원 평면에서 정사각형인 경우도 가능할까? 조금만 생각해 보면 정사각형은 평면에서 완전히 어긋나게 쌓을 수 없다는 것을 알 수 있다. 왜냐하면 수평과 수직의 방향이 동시에 어긋나기 때문이다. 그렇다면 3차원 공간에서는 가능할까? 이를 위해서 3차원 공간에서의 문제를 다음과 같이 표현해야 한다.

육면체 공간을 정육면체로 채울 때, 정육면체의 두 면이 완전히 겹치는 것을 피할 수 있을까?

3차원 공간에서 문제는 약간 복잡하다. 일곱 혹은 여덟 개의 정육면체 주사위를 이용하여 여러 가지 방법으로 직접 시도해 볼 수도 있다. 하지만 3차원 공간에서 위의 조건을 충족하는 '어긋나게 쌓기'는 할 수 없다.

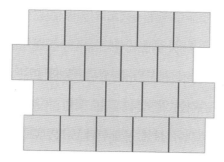

정사각형은 좌우로 어긋나지만, 파란색 수직 변은 어긋나지 않는다. 정사각형은 전부 어긋나도록 (사람 인ㅅ 무늬로) 쌓을 수 없다.

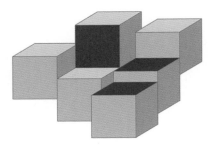

3차원 공간에 정육면체 쌓기로 가능한 패턴모형, 필연적으로 어떤 파란색 표면에 어긋나지 않는 상황이 생길 것이다.

위와 같은 문제의 n차원 공간에 대한 일반적인 결론은 어떻게 될까?

이 문제는 1896년 독일의 수학자이자 아인슈타인의 스승인 헤르만 민코프스키Hermann Minkowski에 의해 처음 제기되었다.

n차원의 초입방체hypercube로 공간을 채운다고 할 때, 어떤 $n-1$ 차원의 면을 공유하지 않도록 하는 임의의 두 입방체가 존재할까?

민코프스키는 '격자 채우기'를 생각했는데 이는 주기성과 대칭성이 있는 채우기라는 뜻이다. 그는 이런 채우기 방식이 존재하지 않는 것이 우리의 직감에 부합한다고 보았다. 앞에서 이미 2차원 및 3차원 공간의 상황을 분석한 바 있는데, 고차원 공간에 완전히 어긋난 채우기 방식은 상상하기 어렵다. 민코프스키는 이 추측을 발표하면서 "이것은 하나의 정리이다. 곧 증명을 제시하겠다."라며 자신있게 말했다. 그러나 1907년 출간된 어느 책에서 그는 여전히 위의 명제를 하나의 추측으로 내세웠고 증명은 하지 않았다. 이것은 그가 이 문제를 고려했음을 나타내지만, 완벽한 증명을 찾지 못했기 때문이다.

1930년 독일 수학자 오트 하인리히 켈러Ott-Heinrich Keller는 민코프스키의 추측을 약간 일반화하여 '격자 채우기'에 있는 '격자'라는 글자를 뺐는데 어떤 식으로든 채울 수 있다는 의미이다. 그는 또한 'n차원 입방체cube로 공간을 채울 때, 적어도 두 개의 입방체가 $n-1$차원의 면을 공유한다'고 추측했다. 이 추측은 후에 '켈러 추측Keller's Conjecture'이라고 불렀다.

이 추측은 겉보기에 정말로 참인 것 같다. 1940년 독일의 수학자 오스카르 페론Oscar Perron(1880~1975)은 켈러 추측이 6차원 이하 차원에서도 모두 성립한다는 것을 증명했다. 그러나 1992년 수학자 라가리아스Lagarias와 쇼어Shor는 10차원 공간에서 켈러 추측이 틀렸다는 것을 확인하였다.

이 두 학자는 켈러가 추측한 10차원 공간의 반례를 찾아냈다. 즉, 10차원 공간에서 10차원 입방체로 공간을 채울 수 있을 뿐만 아니라, 어떤 두 개의 입방체도 9차원의 면을 공유하지 않는다는 것이다. 앞서 켈러 추측이 n차원에 반례가 있다고 추측하면 n차원보다 큰 모든 차원의 반례를 구성할 수 있다는 것을 다른 사람들이 증명한 바 있다. 따라서 10차원 공간에서 확인된 반례에 의해 10차원 이상의 공간에서는 켈러 추측은 성립하지 않게 되었다.

이제 7, 8, 9의 세 가지 차원의 상황은 불분명해졌다. 2002년 수학자 맥키^{Mackey}는 켈러 추측의 8차원 공간에서의 반례를 찾아 냈는데, 같은 원리로 9차원 공간에서도 켈러 추측은 성립되지 않는다. 그래서 이제 7차원 공간밖에 남지 않은 상황으로 2020년 스탠포드와 카네기 멜론 대학 등 대학의 네 명의 학자들은 7차원 공간의 상황을 해결했다. 그들은 7차원 공간에서 켈러 추측이 성립한다는 것을 증명하였다. 켈러 추측은 이로써 완전히 해결되었다. 결론은 켈러 추측은 7차원 이하 공간에서만 성립된다는 것이다.

1990년 이후 켈러 추측에 대한 증명 과정은 크게 가속화됐다. 이 가속의 원인은 1990년 두 수학자 헝가리 에트베로랑 대학 코래디$^{Kereszyély\ Corrádi}$와 공과대학의 스자보$^{Sándor\ Szabó}$가 켈러 그래프라고 불리는 개념을 제안하여 켈러 추측을 이산 수학에서 그래프이론 문제로 변환하여 컴퓨터의 도움으로 이 문제를 해결할 수 있게 되었기 때문이다.

다음은 이 아이디어에 대한 간단한 소개이다.

n차원 공간의 켈러 그래프는 4^n개의 점으로 구성되어 있으며,

각 점은 n개 원소의 벡터로 표시되며, 벡터는 원소를 좌표계에서 좌표로 볼 수 있다.

벡터의 성분은 집합 {0, 1, 2, 3}의 원소 중 하나이다. 두 점 사이에는 선이 있고, 두 점은 서로 다른 좌표로 적어도 차이는 2이다. 연결할 수 있다는 것은 그 두 입방체가 '어긋날 수 있다'는 것을 의미한다.

예를 들어, 2차원 켈러 그래프에는 16개의 점이 있다. 숫자로 색을 표시하면 검정/B=0, 빨강/R=1, 흰/W=2, 초록/G=3으로 16개의 점은 다음과 같다.

[(B, R), (B, W), (B, G), (R, B), (R, W), (R, G), (W, B), (W, R), (W, G), (G, B), (G, R), (G, W)]

켈러 그래프에 대한 이전의 정의에 따라 2차원 켈러 그래프만 좌표가 서로 같고 다른 좌표는 쌍(차이는 2, 검정과 흰색이 한 쌍, 빨강과 초록이 한 쌍)으로 나타난다.

서로 다른 점의 좌표 관계는 다음 그림의 해석을 참고할 수 있다.

연구자들은 켈러 추측을 서로 다른 색의 점을 가진 주사위 한 쌍으로 해석함으로써 켈러 추측을 해결하였다. 다음은 이러한 해석의 작동 메커니즘이다.

주사위의 배치	켈러 추측에서 정사각형의 위치 관계

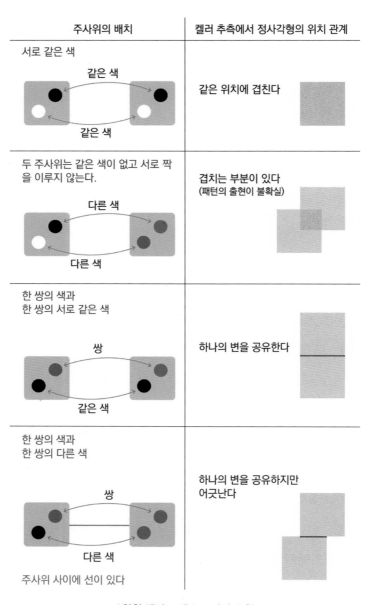

서로 같은 색

같은 색

같은 색

같은 위치에 겹친다

두 주사위는 같은 색이 없고 서로 짝을 이루지 않는다.

다른 색

다른 색

겹치는 부분이 있다
(패턴의 출현이 불확실)

한 쌍의 색과
한 쌍의 서로 같은 색

쌍

같은 색

하나의 변을 공유한다

한 쌍의 색과
한 쌍의 다른 색

쌍

다른 색

주사위 사이에 선이 있다

하나의 변을 공유하지만
어긋난다

2차원 켈러 그래프 그리기 규칙

이 그리기 규칙에 따라 아래 그림과 같이 2차원 켈러 그래프를 그릴 수 있다.

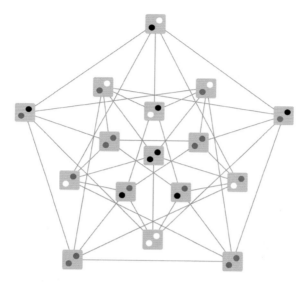

2차원 공간에서의 켈러 그래프

켈러 그래프의 정의에 따라 위 그래프에서 두 개씩 연결된 4개의 점을 찾을 수 있다면 즉, 정사각형을 서로 어긋나게 하여 평면을 채울 수 있음을 나타내며, 이는 켈러 추측을 뒤집는다. 이런 몇 개의 쌍으로 연결된 점을 '클릭^{clique}'이라고 한다. 분명한 것은 2차원 켈러 그래프에서는 이와 같은 클릭을 찾을 수 없다.

코래디와 스자보는 1990년에 n차원 그래프에 최대 2^n개의 점으로 구성된 클릭이 존재하며, 이러한 2^n개의 점으로 이루어진 클릭이 존재한다면 n차원 켈러 추측이 성립하지 않는다는 것을 증명하였다. 하지만 클릭이 존재하지 않으면 켈러 추측이 옳다는 것을 증명할 수 없다.

1992년 라가리아스와 쇼어는 컴퓨터를 이용하여 10차원 켈러 그래프에서 $2^{10} = 1024$개의 점으로 구성된 클릭을 찾을 수 있음을 발견하였기 때문에 10차원 공간에서는 켈러 추측이 성립되지 않는다. 이후, 8차원 공간의 상황도 비슷하게 아래 그림과 같이 256개의 점의 클릭을 찾아냈다.

8차원 공간에서 켈러 그래프의 256개의 점으로 구성된 '클릭'은 켈러 그래프에서 모두 연결할 수 있는데, 만약 이 점들을 8차원의 벽돌로 본다면, 그 변들은 모두 어긋난다는 것을 보여준다.

이치대로라면 7차원 공간에서 켈러 그래프는 점이 더 적고 찾아야 할 클릭은 128개밖에 없어 보다 쉬워 보이는데, 왜 가장 마지막에 해결되었을까? 주된 이유는 7이 소수이기 때문이다. 8과 10은 모두 합성수이다. 고차원 공간에서는 켈러 그래프의 점이 매우 많다. 예를 들어, 7차원 공간에서 켈러 그래프는 약 4^7개의 점을 가지고 있어 그중 2^7개의 점들의 조합을 일일이 검사해야 하는데 가능한 조합의 수는 10^{323}으로 완전히 열거하기에는 너무 크다.

8차원과 10차원의 경우 대칭성을 이용하여 고차원 문제를 저차원 문제로 변환하여 시간을 절약할 수 있지만, 7차원에 대해서는 새로운 최적화 검색 방법이 필요하다.

연구자들은 새로운 최적화 방법을 사용하여 40대의 컴퓨터를 사용하여 7차원 켈러 그래프를 탐색했다. 하지만 불과 30분 후에 컴퓨터가 200G의 데이터를 출력하여 128개 점의 클릭을 찾지 못했음을 확인하였다. 물론 앞서 언급한 바와 같이 클릭을 찾을 수 없다고 해서 켈러 추측이 성립되는 것은 아니다. 그래서 연구자는 또 다른 보조증명으로 결론이 정확함을 설명하였다. 최종 논문은 24쪽으로, 7차원 공간에서 켈러 추측이 성립하는 것을 확인하였다.

이로써 90여 년의 역사를 가진 수학적 추측이 완전히 해결되었다. 우주 구조의 기묘함은 매우 놀랍다. 7차원 공간에서 우리는 정육면체의 벽돌로 벽돌 하나하나가 어긋나도록 공간을 완벽하게 메울 수 있다!

켈러 추측은 몇 가지 확장 내용이 있다. 예를 들어 민코프스키는 벽돌을 쌓을 때가 아닌 디오판토스 부등식을 고민할 때 이 추측을 생각해냈다고 한다. 켈러 추측은 군론에서도 연구될 수 있으니 참고하길 바란다.

상자에 공을 담는 방법

역사상 일찍이 많은 유명한 수학적 추측이 나타났는데, 어떤 것은 이미 해결되었고(예를 들면, '페르마 대정리'), 어떤 것은 아직 해결되지 않았다(예를 들면, '골드바흐 추측'). 이번에 소개할 '케플러 추측'도 매우 오래된 추측으로, 400여 년이 지난 2017년에 공식적으로 해결되었다.

'케플러 추측'은 독일의 천문학자이자 수학자인 케플러가 1611년에 쓴 일반 과학서 『육각형 눈송이에 대하여On the Six-cornered snowflake』에 처음 등장한다. 대부분의 사람은 케플러라는 이름을 '케플러 행성운동의 3대 법칙'으로 알고 있다. 케플러는 취미가 매우 광범위하여 천문, 지리에 대한 연구도 진행했고, 일찍이 눈송이의 모양을 연구한 후에 이 눈송이에 관한 소책자를 썼다.

이 소책자에서 케플러는 그가 영국 수학자 토머스 해리엇Thomas Harriot(1560~1621)과 교신했다고 언급했다. 편지에서 그들은 당시 영국의 유명한 모험가 월터 롤리Walter Raleigh(1552~1618)가 제기한 문제 중 '어떻게 캐넌 포탄을 쌓는 것이 가장 효율적인가'에 대해 토론한 적이 있었다.

월터 롤리는 당시 매우 유명한 모험가로 박학다재하여 영국을 도와 많은 아메리카 식민지를 개척하였다. 선장으로서 그는 캐넌 포탄이 어떻게 쌓이는지에 대해 관심이 많았다. 아마도 영화에서 당시의 캐넌 포탄을 본 적이 있을 것인데 마치 커다란 쇠구슬 같다. 배의 공간이 좁았기 때문에 선원들은 당연히 캐넌 포탄을 밀도있게 쌓는 것을 선호했다. 수학적으로 '일정한 공간을 서로 같은 크기의 공으로 채울 때 어떻게 해야 밀도를 최대로 할 수 있을까'로 표현할 수 있다.

요하네스 케플러

월터 롤리

이 문제는 언뜻 생각하기에 쉬운 문제처럼 들린다. 과일가게에서 사과나 귤을 어떻게 쌓는지 보면 되지 않을까? 머릿속에 구체적인 방법을 정확히 생각할 수는 없지만, 직감적으로 과일가게 주인의 쌓기 방법이 가장 좋을 것 같다.

과일가게 주인은 '과일 쌓기'를 가장 신경 쓴다.

만약 집에 탁구공 또는 테니스공이 많다면, 어떻게 쌓을 때 밀도가 가장 큰지 직접 시험해 보길 바란다. 금세 과일가게 주인의 쌓는 방법을 확인할 수도 있을 것이다. 실제로 두 가지 쌓기 방법을 생각할 수 있는데 가장 아래층부터 살펴보자.

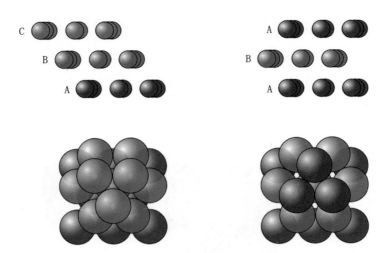

왼쪽 : 면심입방구조, 오른쪽 : 육방밀집구조

첫 번째 층은 틀림없이 모든 공이 한데 뒤엉켜 있고, 공 주위에 6개의 공이 밀착되어 있다. 바로 위층의 공은 바닥의 공으로 만들어진 '오목'한 부분에 놓인다. 두 번째 층에 있는 모든 공이 여전히 6개의 공과 붙어 있다는 것도 알 수 있다. 그래서 이 쌓기 방법은 매우 만족스럽다. 세 번째 층도 두 번째 층의 공으로 만들어진 '오목'한 부분에 공이 놓이는데, 세 번째 층의 공이 첫 번째 층과 완전히 맞아떨어진다. 이 방법은 'ABABAB'와 같은 순환 패턴을 가진다. 세 번째 층에 또 다른 쌓기 방법은 첫 번째 층과 어긋나게 쌓는 것인데, 이때 네 번째 층의 공은 첫 번째 층과 완전히 맞아떨어지게 정렬된다. 이 방법은 'ABCABC'라는 순환 패턴 형식을 가진다.

수학에서 첫 번째 'ABAB' 순환의 쌓기법을 '육방밀집구조 Hexagonal close packing', 두 번째 'ABCABC' 순환의 쌓기법을 '면심입방구조 Face centered cubic'라고 한다. 과일가게 주인은 '육방밀집구조'를 많이 쓰고, 수병이 포탄을 쌓을 때는 '면심입방구조'를 많이 활용한다고 한다. 이 두 종류의 쌓기 중 어떤 것의 밀도가 더 높을까? 사실 조금만 계산해 보면 두 쌓기의 밀도가 같다는 것을 알 수 있는데, 구체적인 값은 $\frac{\pi}{\sqrt{18}}$으로 약 0.74이다.

충분히 큰 상자 하나와 충분히 많은 서로 같은 공이 주어질 때, 상자에 공을 어떻게 채워도 상자의 공간을 약 74%로 채울 수 밖에 없다. 이와 같은 문제를 '스피어 패킹 Sphere packing'이라고 한다.

보통 사람들은 두 가지 쌓기법이 아무리 보아도 최선이라고 생각할 수 있지만 수학자는 증명이 없으면 결론이라고 인정할 수 없다. 그래서 케플러는 1611년에 공식적으로 이 문제를 제기했고, '면심입방구조' 혹은 '육방밀집구조'가 최적이라고 추측했다. 이를 '케플러 추측'이라고 한다.

1611년에 시작된 이 추측을 기준으로 42년 후에 뉴턴이 태어났고 데카르트, 뉴턴, 라이프니츠, 베르누이 가문, 오일러와 같은 수학자들의 시대를 거친 이후 1831년에서야 가우스는 이 문제에 대해 첫 번째 돌파구를 마련했다. 가우스는 '면심입방구조'가 주기적이고 규칙적으로 쌓는 방법 중 밀도가 가장 크다는 것을 증명했다.

그렇다면 '불규칙하게 쌓을 때 밀도가 더 높은가?'라고 질문할 수 있다. 사람들은 직감적으로 같은 공을 불규칙하게 쌓는 것보다 규칙적으로 쌓는 것이 더 효율적이라고 생각하지만 이는 어떻게 증명할 수 있을까? 그리고 어떤 예에서는 불규칙한 쌓기가 규칙적인 쌓기보다 확실히 낫다. 예를 들면, 10×10의 정사각형 안에 지름이 1인 원을 최대 몇 개까지 채울 수 있을까?

아마도 첫 반응은 당연히 100개이다. 그런데 생각해 보면 한 행에서 10개의 원을 채운 뒤 그 다음 행의 원을 모두 앞 행의 두 원 사이의 틈새로 밀어 넣으면 어떨까? 폭은 낭비되지만 높이는 절약할 수 있다. 이렇게 배치하면 마지막에 높이가 한 줄 더 많은 공간을 절약할 수 있는데, 전체적으로 좀 더 넣을 수 있는 가능성이 있을까? 이렇게 생각해 보니 문제가 귀찮아지기 시작한다. 만약 흥미가 있어 스스로 종이에 그림을 그려 볼 수 있다면, 정답은 106이라고 말할 수 있다. 이 문제에서 불규칙한 쌓기가 규칙적인 쌓기보다 확실히 더 우수하고 번거로운 것은 사실이지만 106이 가장 크다는 것은 또 어떻게 증명할 수 있을까?

위와 같은 예가 있기 때문에 가우스의 증명 이후 누구도 문제가 해결되었다고 말할 수 없었다. 또한 사람들은 불규칙한 쌓기 상황을 배제할 수 있는 사람을 기다려야 했다. 이후 힐베르트는 이 문제를 유명한 20세기 23개 주요 수학 문제 중 18번째에 포함시켰다.

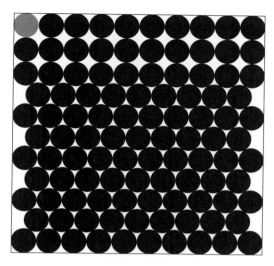

10×10 정사각형 안에 지름이 1인, 원 106개를 채울 수 있다.

1953년 헝가리의 수학자 페예스 토트^{László Fejes Tóth}(1915~2005)가
케플러의 추측을 해결하는 아이디어를 내놓았다. 이 아이디어는
만약 '면심입방구조'보다 밀도가 더 클 수 있는 불규칙한 쌓기가
있다고 가정하면, 이러한 불규칙한 쌓기가 어떤 모양이든 간에
쌓기가 완료된 공간에는 적어도 하나의 국소 영역이 있으며, 이
국소 영역의 쌓기 밀도는 면심입방구조보다 클 것이다.

그는 유한하고 다양한 국소 쌓기 구조만을 조사하였다. 이러
한 제한적이고 다양한 국소 쌓기 구조를 완전히 조사할 수 있고
쌓기 밀도가 모두 면심입방구조보다 낮다는 것을 검증할 수 있
다면 케플러 추측이 해결된다. 그러나 그는 고려해야 할 국소 구

조의 수가 너무 많다는 것을 발견하였다. 1953년에는 어떤 컴퓨터도 이 문제를 처리할 수 없었고, 사람의 힘은 더욱 미치지 못하였다.

페예스 토트

1992년 당시 34세로 미시간대학에서 교편을 잡고 있던 토머스 헤일스Thomas Hales는 시기가 무르익었다고 판단하고 토트의 조언에 따라 컴퓨터를 사용하여 케플러의 추측을 증명하기로 하였다. 그는 그의 제자 퍼거슨을 찾아 그의 조수가 되었다. 헤일스는 우선 고려해야 할 국소 구조를 최소화하기 위해 간소화 작업을 했다. 그러나 단순화된 후에도 5,000개가 넘는 국소 구조가 조사되어야 하고, 각 구조에 대해 '선형 계획' 연산을 수행해야 했다. 선형 계획이란, 일종의 다변량의 선형방정식에서 극값을 고찰하는 방법으로 계산량은 방대하다. 헤일스는 약 10만 번의 선형 계획 해결에 직면했다.

1990년대에 촬영한 토머스 헤일스의 스피어 패킹Sphere packing 시연

그래서 그들은 컴퓨터를 사용했지만 6년에 걸쳐 계산을 완료했고 결국 3G의 계산 데이터와 200페이지의 관련 프로그램 설명을 만들어냈다. 헤일스의 이 증명은 4색 정리에 이어 주로 컴퓨터에 의해 완성된 또 하나의 수학적 증명이다.

당시 권위 있는 저널인 「수학연보The Annals of Mathematics」는 12명의 논문평가협의팀을 구성했는데, 팀장은 페예스 토트의 아들이었다. 당시 페예스 토트는 84세의 나이로 생존해 있었다. 평가팀은 만장일치로 「수학 연보」에 이 논문을 게재하는 것에 동의했다.

2003년 평가팀은 99%의 확신으로 증명이 옳다고 인정하였다. 나머지 1%는 컴퓨터 프로그램에 오류가 없고, 작동 과정에서도 오류가 없다는 것을 확신할 수 없다는 최종 결론을 내렸다. 앞서 '4색 정리'가 증명되었다고 선언한 이후 많은 논란이 있었기 때문에 수학자들은 컴퓨터 증명 사용에 특히 조심스러워했다.

헤일스는 이 마지막 1%를 보완하기 위해서 새로운 방법을 생각해냈는데, 이 방법은 바로 그의 증명을 형식화하는 것이었다. 또한 이 형식화된 증명을 검증할 수 있는 소프트웨어를 '자동 증명 검사Automated proof checking' 소프트웨어라고 한다. 형식화된 증명에 대해서는 '튜링 머신'에 관한 장에서 소개하였다. 여기에 좀 더 설명을 덧붙이면 형식주의파의 주장은 '수학 명제는 그 실제가 가리키는 대상에서 완전히 벗어나 존재할 수 있고 그것의 증명들은 여전히 성립한다'는 것이다.

힐베르트가 했던 비유를 빌리자면, 유클리드 기하학에는 '두 점을 지나는 직선은 유일하다', '임의의 선분은 직선으로 연장시킬 수 있다' 등이 있다. 또한 만약 5대 공리 가설에서 점, 선, 면 등을 모두 다른 기호나 명사로 대체하더라도 유클리드 기하학은 여전히 성립한다고 말한다. 예를 들어, '두 개의 책상을 붙인 하나의 침대가 있다', '어떤 젓가락이든지 다 하나의 의자로 늘릴 수 있다'고 할 수 있다. 이와 같이 5대 공리 가설을 다시 한번 쓰면, 뒤의 추리에 영향을 주지 않고 피타고라스 정리, 나아가 유클리드 기하 전체도 이끌어낼 수 있다.

수학에 대한 이런 견해는 스스로 파를 이루는데, 이것을 '형식주의'라고 한다. 이후 형식주의의 수학적 증명은 기계가 이러한 증명을 읽을 수 있다는 뜻밖의 이점을 갖게 되었다. 예를 들면, 직접 컴퓨터가 피타고라스 정리의 증명을 읽게 한다면, 컴퓨터는 틀림없이 이해할 수 없을 것이다. 그러나 만약 'a 그리고 b이므로 c이다'와 같은 문구를 입력한다면, 기계는 이해할 수 있다. 심지어 당신의 추론 과정이 정확한지 검사할 수도 있다. 기계는 a, b, c가 무엇인지 전혀 상관하지 않고 우리가 미리 입력해 놓은 규칙에 따라 추리 과정이 규칙에 맞는지 차근차근 점검하면 되기 때문이다.

2000년 전후로 자동 증명 검사 소프트웨어가 발명되었고 헤일스는 2003년부터 오픈 소스 공동 소프트웨어 프로젝트 '플라이스펙Flyspeck'을 시작하였는데, 그의 증명을 다시 형식화된 증명으로 바꾸어 자동 증명 검사 소프트웨어에 맡기는 식이었다. 하지만 사람이 이해할 수 있는 증명을 기계가 이해할 수 있는 형식화된 증명으로 바꾸는 것은 지극히 지루한 작업이다. 형식화 증명은 모두 소프트웨어 코드와 같은 것이어서 꼼꼼하게 입력하고 교정해야 한다. 헤일스는 프로젝트를 시작할 때 이 프로젝트를 완성하는 데 약 20년이 걸릴 것으로 예상했다.

```
classes type
default_sort type
setup {* Object_Logic.add_base_sort @{sort type} *}

arities
  "fun" :: (type, type) type
  itself :: (type) type

typedecl bool

judgment
  Trueprop        :: "bool => prop"                    ("(_)" 5)

axiomatization
  implies         :: "[bool, bool] => bool"            (infixr "-->" 25)  and
  eq              :: "['a, 'a] => bool"                (infixl "=" 50)   and
  The             :: "('a => bool) => 'a"

consts
  True            :: bool
  False           :: bool
  Not             :: "bool => bool"                    ("~ _" [40] 40)

  conj            :: "[bool, bool] => bool"            (infixr "&" 35)
  disj            :: "[bool, bool] => bool"            (infixr "|" 30)

  All             :: "('a => bool) => bool"            (binder "ALL " 10)
  Ex              :: "('a => bool) => bool"            (binder "EX " 10)
  Ex1             :: "('a => bool) => bool"            (binder "EX! " 10)
```

형식화된 증명의 코드, 'Flyspeck' 소프트웨어 프로젝트에서 발췌

최근 몇 년 동안 소프트웨어 협업 측면에서 매우 좋은 사이트인 깃허브[Github]가 생겼다. 많은 사람이 이 프로젝트에 지원했고 플라이 스펙 프로젝트가 결국 2014년 8월 10일에 공식적으로 완료되기까지 약 11년이 걸렸다. 2015년 헤일스와 21명의 공저자가 케플러 추측에 대한 최종 형식화 증명 논문을 제출했다. 2017년 5월, 이 증명은 결국 논문평가협의회에서 통과되었다. 이로써

케플러 추측은 400여 년의 시간을 거쳐 마침내 하나의 정리가 되었다. 헤일스도 34세부터 59세까지 자신의 생애에 중대한 사명을 완수했다.

3차원 공간의 케플러 추측은 해결되었고, 수학자는 여전히 다른 차원에서 스피어 팩킹도 고려하였다. 차원이 클수록 공 쌓기 밀도가 더 클까 아니면 더 작을까? 차원이 클수록 공이 서로 다가갈 수 있는 방향이 많아져 더 조밀하게 채울 수 있다는 게 사람들의 직감이다. 그러나 반대로 차원이 클수록 공 쌓기 밀도는 점점 작아지고 0이 되는 경향이 있다.

1차원 공 쌓기는 지루하다.

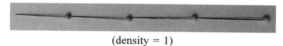

(density = 1)

2차원 공 쌓기는 보기 좋고 재미있다.

(density ≒ 0.91)

3차원 공 쌓기는 매우 어렵다.

(density ≒ 0.74)

1차원에서 3차원으로 확장할 때 쌓기 밀도는 점진적인 감소상태를 보인다.

그 이유에 대해 우리는 두 가지 측면에서 이해할 수 있다. 하나는 평면을 원으로 채우는 것이 상자 안을 공으로 채우는 것보다 조금 더 조밀하지 않을까, 상상할 수 있다. 또 다른 하나는 고차원 공간에서의 물체의 성질에 관한 것이 있는데, 차원이 클수록 그 안에 있는 물체의 부피가 물체의 '껍질'이나 경계에 집중된다. 이런 상황에서는 비록 공이 조밀하게 붙어 있어 매우 많아 보이지만, 그것들이 감싸고 있는 부피의 총체적인 비율은 매우 작다. 어쨌든 고차원 공간은 이상한 공간이다. 4차원 공간에 있는 과일가게 주인은 답답할 것이다. 사과 한 상자 안에 있는 사과가 차지하는 부피는 매우 작다.

고차원 공간의 공은 3차원의 대칭적인 쌓기 방법을 참고하여 자연스럽게 확장될 수 있을까? 결과는 전혀 안 된다. 현재 3차원 이상의 스피어 팩킹에 대하여 사람들은 약간의 쌓기 밀도의 하한과 상한만을 얻었지만, 8차원과 24차원 공간에서는 최적의 쌓기법이 알려졌다.

이 두 차원의 숫자는 간단해 보이지만 수학자가 아직 풀지 못한 문제인 '입맞춤 수 문제Kissing number problem'에 나타난다. 입맞춤 수 문제는 하나의 구에서 서로 같은 크기의 공이 만날 때 생기는 접점의 최대수는 몇 개인가이다. 이 문제를 듣자마자 스피어 팩킹과 관련이 있다는 것을 알 수 있는데, 공을 쌓을 때 다른 공과 최대한 접하도록 해야 한다.

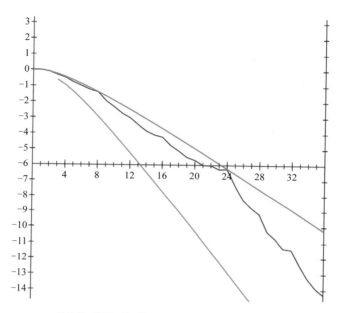

가로축-차원, 세로축-쌓기 밀도(로그값으로 표시)
빨간색 선-알려진 하한, 녹색 선-알려진 상한, 파란색 선-알려진 최적의 쌓기

3차원 공간에서는 하나의 공이 최대 12개의 크기가 같은 공과 접하기 때문에
3차원에서의 입맞춤 수는 12개이다.

현재 4차원 이상인 경우는 8차원과 24차원 공간에 대해서만 확실한 결과가 있다. 이는 1960년대에 영국의 수학자 존 리치 John Leech에 의해 확인되었기 때문에 그러한 구조를 '리치 격자Leech latice'라고 한다. 이 두 가지 결과를 스피어 팩킹으로 확장하는 것은 2016년 우크라이나 여성 수학자 마리나 비아조프스카Maryna Viazovska에 의해 해결되었다.

나는 구체적인 쌓기 밀도를 대략 계산했는데, 앞서 언급한 바와 같이 고차원 공간의 최대 쌓기 밀도는 8차원이 약 3.6%, 24차원이 약 0.005%로 매우 낮았다. 고차원 공간은 확실히 괴이하기 그지없다.

케플러가 추측한 모든 역사를 거의 다 이야기하면, 누군가는 이것을 연구하는 것이 도움이 될까라는 질문을 할 것이다. 스피어 팩킹은 충분히 유용하다. 예를 들면, 원자 구조에서 많은 원자 사이에 나타나는 면심입방구조의 격자는 다이아몬드의 탄소 원자 구조와 같은 현상이 나타난다.

스피어 팩킹의 또 다른 응용 분야는 정보학의 오류 수정 메커니즘이다. 만약 한 가지 정보가 3개의 변수로 구성되어 있다면, 이 정보를 3차원 공간 중의 하나의 공으로 볼 수 있다. 우리는 이러한 정보를 전송할 때 가능한 한 밀도가 높기를 원하지만, 정보끼리 너무 가까이 접근해서도 안 된다. 만약 정보끼리 서로 겹친다면 우리는 정보를 구별하지 못할 수도 있다. 스피어 팩킹은 우리에게 정보 전송의 최대 밀도가 얼마인지, 오차가 있다면 어떻게 오류를 수정해야 하는지 등을 알려줄 수 있다.

케플러 추측의 역사를 통해 당연해 보이는 결론을 수학자가 최종적으로 증명하는 데 400여 년이 걸렸다는 것이 놀랍다. 고차원 공간에서는 더 많은 의외의 일들이 인류가 발견하기를 기다리고 있을지도 모른다.

수학에는 '임의의 이웃한 영역의 색을 다르게 하여 최대 4가지 색상만으로 지도 안의 모든 영역을 색칠할 수 있다'는 매우 유명한 '4색 정리$^{\text{Four color map theorem}}$'가 있다.

이 정리는 다음과 같은 지도가 존재하며, 3가지 색상으로는 충분하지 않다는 것을 말해준다.

이 지도에서 이웃한 두 영역의 색을 다르게 하여 3가지 색으로 색칠할 방법이 있을까?

그렇다면 지도가 하나 주어질 때, 이웃한 두 영역의 색을 다르게 하여 3가지 색만으로 지도 안의 모든 영역을 색칠할 수 있는지 또는 없는지를 어떻게 판단할 수 있을까? 만약 컴퓨터로 판단한다면, 어떤 프로그램을 써야 할까? 또 프로그램을 실행하는 데 걸리는 시간은 얼마나 될까?

이것이 바로 이 장에서 이야기할 알고리즘의 복잡도 문제로 현재 이 분야에서 가장 중요한 것은 'P와 NP문제'이다.

우선 몇 가지 개념을 설명해야 한다. 복잡도 문제를 토론하려면 먼저 알고리즘의 복잡도를 어떻게 측정해야 하는지 고려해야 한다. 당신이 생각할 수 있는 첫 번째 지표는 시간일 것이다. 동일한 계산력을 가졌다는 전제하에서 어떤 알고리즘의 실행시간이 길수록 직관적인 감각으로 더욱 복잡한 것으로 느껴진다. 맞는 말이지만 서로 다른 알고리즘에 대해 실행시간을 직접 비교하는 것도 무리인 것 같다. 예를 들어, 몇 가지 수의 최대 공약수를 구하는 알고리즘과 10개의 숫자에 대해 순서를 매기는 정렬sort 알고리즘의 시간만 비교한다면 어떤 알고리즘이 더 복잡하다고 말하기 어렵다. 왜냐하면 이것은 서로 다른 문제이기 때문에 직접적인 비교가 어렵다.

따라서 컴퓨터 과학자들은 계산량 변화에 따라 알고리즘이 필요한 계산 횟수의 변화 정도를 고려하는 또 다른 표준을 사용한다. 예를 들어 정렬 문제 자체에는 여러 가지 다른 알고리즘이 있는데, 이런 알고리즘 사이에 비교적 분명히 좋은 것과 나쁜 것이 있을 것이다. 알고리즘의 시간 효율을 결정하는 근본적인 요인은 문제 규모가 커질 때 알고리즘이 주기적으로 실행되는 횟수와 관련있다. 예를 들어 하나의 알고리즘이 100개의 대상을 처리하는 데 1분이 걸리고, 1,000개의 대상을 처리하는 데 10분, 100분 또는 2분이 걸리는 경우 알고리즘의 효율성 차이를 알 수 있다.

그래서 사람들은 문제가 처리하는 대상이 증가함에 따라 알고리즘이 소비하는 시간의 증가 속도를 분석하기 시작했다. 예를 들어 '버블 정렬bubble sort' 알고리즘에서 알고리즘의 동작 시간은 정렬 대상 수의 제곱에 따라 증가하는데, 이를 'n^2의 시간 복잡도'라

[알고리즘 소요 시간 계산 과정]

버블 정렬 연산에 매번 k초가 걸리면 버블 정렬은 $O(n^2)$ 시간 복잡도이고, 16개 대상에 대한 정렬은 x초가 걸리기 때문에 (대략)

$$k \times 16^2 = x$$

이다. 32개 대상에 대한 정렬의 소요 시간은

$$k \times 32^2 = k \times (2 \times 16)^2 = 4x$$

이다. 퀵 정렬에 대해서는

$$k \times 16 \cdot \log_2 16 = x$$

이므로

$$k \times 32 \times \log_2 32 = 2.5x$$

고 한다. 수학자는 빅-오 표기법$^{Big-O \ notation}$으로 기호 O를 써서 버블 정렬 알고리즘의 복잡도를 $O(n^2)$으로 표시한다. 16개 대상을 정렬하는 데 x초가 걸리면 32개 대상을 정렬하는데 약 $4x$초가 걸린다(정렬수가 2배가 되면 $2^2=4$배가 되기 때문이다). 현재 가장 빠른 정렬 알고리즘인 '퀵 정렬$^{quick \ sort}$'의 시간 복잡도는 $O(n\log_2 n)$로, 16개 대상을 정렬하는 데 x초가 걸리면 32개 대상을 정렬하는 데 약 $2 \times \dfrac{5}{4}x = 2.5x$초가 걸린다는 의미다. 위의 분석을 통해 퀵 정렬이 버블 정렬보다 효율적이라는 것을 알 수 있다.

다양한 복잡도 중에서 사람들은 대부분의 알고리즘이 두 가지로 나눌 수 있다는 것을 발견하였다.

하나는 알고리즘의 복잡도에서 기호 O의 괄호 안에 n의 다항식에 관한 것이다. 예를 들어, 앞서 언급한 버블 정렬의 경우 n^2은 n의 다항식이다. 사람들은 이와 같은 알고리즘의 복잡도를 '다항 시간$^{polynomial \ time}$ 복잡도'라고 한다. 다른 종류는 n이 지수 자리에 있는 꼴로 $O(2^n)$와 같은 예가 있다. 이런 상황에서 사람들은 이 알고리즘이 지수 시간$^{exponential \ time}$ 복잡도를 가지고 있다고 말한다. 지수 시간 복잡도는 다항 시간 복잡도보다 더 복잡하다. 이는 2^n의 증가 속도가 n의 다항식에 비해 매우 빠르기 때문이다.

또 다른 하나는 앞서 언급한 퀵 정렬 알고리즘의 시간 복잡도 $n\log_2 n$도 다항 시간 복잡도 알고리즘으로 분류된다. $\log_2 n$은 전형적인 다항식은 아니지만, 대부분 n의 다항식 표현보다 증가 속도가 느리다.

'다항 시간', '지수 시간'이라는 용어는 하나의 알고리즘에 소요되는 시간의 증가 속도를 가늠하는 용어이지만, 우리는 간편한 표현을 위해 '다항 시간이 필요하다' 또는 '지수 시간이 필요하다'고 말하기도 한다. 이것은 문제의 규모에 따라 절차가 증가하고 그 실행 시간의 증가 정도가 크다는 것을 의미한다.

지금까지 시간 복잡도에 대해 간단히 소개하였다. 이제 'P와 NP문제'가 무엇인지에 대해 이야기를 나눌 수 있다. 'P문제'는 문제의 총칭으로, 이런 문제의 정의는 다음과 같다.

만약 문제가 다항 시간 알고리즘으로 해결된다면, 이 문제는 'P문제'이다.

P는 다항식 polynomial의 이니셜이다. 대표적인 P문제가 앞서 언급한 정렬 문제이다. 또 다른 전형적인 문제는 어떤 정수가 소수인지 아닌지를 판정하는 소수 판정 문제이다. 2002년 인도 연구자들은 알고리즘 복잡도가 $O(\log^{12} n)$인 소수 판정 알고리즘을 발견해 소수 판정 문제가 P문제임을 공식 확인하였다.

NP문제는 다항 시간 알고리즘이 존재하지 않는 모든 문제 또는 지수 시간 문제라고 추측할 수 있지만 이는 오해이다. NP문제의 정확한 정의는 다음과 같다.

만약 어떤 문제와 이 문제에 대한 어떤 해답이 주어질 때, 다항 시간 알고리즘이 존재하여 이 해답의 정확성을 검증한다면 이 문제는 NP문제이다.

몇 가지 예를 살펴보자. '해답을 검증한다'는 것이 무엇일까?

정수 하나와 그보다 작은 정수가 주어질 때, 이 작은 정수가 이전 정수의 인수인지 아닌지를 판단해 보자. 간단하게 나눠보면 그 여부를 알 수 있는데, 그 소요 시간은 이 두 숫자의 크기와 관계가 있다. 두 정수가 아무리 크더라도 알고리즘의 소요 시간은 숫자가 커지는 폭에 따라 다항식 시간의 어떤 증가를 보일 뿐이다. 이런 상황에서 우리가 이 문제의 해답을 '검증'한다고 하는 것은 다항 시간 알고리즘만 필요하기 때문이다.

여기서 하나의 문제가 P문제라면 필연적으로 NP문제일 수밖에 없는 상황을 발견했는가?

예를 들어, 일련의 정수에서 이 정수들이 작은 것부터 큰 것까지 정렬되었는지 묻는다면 퀵 정렬을 사용하여 이 정수들을 정렬할 수 있고 정렬 결과가 주어진 순서와 일치하는지 확인할 수 있다. 그리고 다항 시간 내에 결과를 '검증'하였기 때문에 정렬 문제는 'NP문제'이다.

위의 증명은 알고리즘 문제에서 중요한 '한 문제를 다른 문제로 바꾸는 과정'을 사용하였다. 만약 우리가 미지의 문제를 알려진 해법을 가진 문제로 바꿀 수 있다면 미지의 문제는 알려진 방법으로 해결할 수 있다.

'모든 P문제는 NP문제이다'를 증명해 보자.

주어진 P문제에 대하여 이 P문제의 해를 구하는 알고리즘으로 한 번 풀어서 주어진 답과 비교하면, 반드시 다항 시간 내에 이 답이 맞는지 아닌지를 판정할 수 있기 때문에 P문제는 NP문제, 즉 모든 P문제는 NP문제이다.

이는 '이 알고리즘으로 해를 구하는 것이 P문제인가, NP문제인가?'라고 물으면 이 문제 자체가 정확하지 않다는 것을 의미하는데, 이 문제가 P문제라면 NP문제이기도 하기 때문이다. 그런데 우리는 왜 이렇게 물을까? 이는 P문제가 아니면서 다항 시간으로 해결되는 알고리즘이 존재하지 않는 '어떤' NP문제가 기본적으로 존재하기 때문이다.

왜 '어떤'이라고 말하는 걸까? 증명되지 않은 명제이기 때문이다. 만약 당신이 어떤 문제에 다항 시간 내의 검증 알고리즘이 존재하고 다항 시간 내의 해결 알고리즘이 존재하지 않는다는 것을 확실히 증명할 수 있다면, 축하한다! 당신은 클레이 수학 연구소Clay Mathmatics Institute가 제기한 밀레니엄 7대 수학 난제 중의 하나인 'P와 NP문제'를 해결하고 백만 달러의 상금을 받을 자격이 된다.

클레이 수학 연구소에서 현상금을 걸고 있는 일곱 가지 수학 난제

1. 푸앵카레 추측 : 위상수학(해결)

2. P와 NP문제 : 여기서 논의 되고 있는 문제

3. 호지 추측 : 대수기하학

4. 리만 추측 : 소수 분포에 대한 중요한 추측

5. 양-밀스 질량 간극 가설 : 게이지 장 이론의 수학적 문제

6. 나비에-스토크스 방정식 해의 존재성 : 유체 역학에서 파생된 미분 방정식 문제

7. 버치-스위너턴다이어 추측 : 대수기하학과 해석수론의 문제

우리가 다루는 어떤 문제가 P문제가 아니라 NP문제인지 예를 들어보자.

첫 번째 예는 이 장의 첫머리에 제기된 '3색 문제'이다. 사람들은 3색 문제 방안을 확실히 해결할 수 있는 다항 시간 알고리즘을 찾을 수 없기 때문에 그것은 P문제가 아닌 것처럼 보인다. 하지만 이미 3가지 색으로 색칠된 지도를 제시하고 이것이 합리적인 색칠 방법인지 묻는다면 이 문제는 너무 간단해진다. 이웃한 모든 영역을 간단히 검사하여 동일한 색상을 사용했는지 여부를

확인하면 된다. 만약 동일한 색상을 사용한 곳이 존재하지 않는다면 이것은 합리적인 방법이다. 이런 검사는 다항식 시간 내에 완료할 수 있다. 따라서 '3색 문제'는 NP문제이다.

두 번째 예는 '정수의 합을 구하는 문제'이다. 많은 정수가 주어질 때, 그중에서 몇 개의 정수의 합이 0 또는 특정 정수가 되는지를 묻는다. 이 문제는 다항 시간 알고리즘을 찾을 수 없다.

다음 정수 중 몇 개의 숫자의 합이 0인 경우가 있을까?

91, 74, −2, −86, 75, 21, 50, −88, −22, 26, −27, −16, −5, −89, −30, −4, 85, 12, 73, −29

세 번째 예는 '소그룹 문제'라고 하는데 이 문제는 소셜 네트워크에 관한 것이다. 많은 사람의 소셜 네트워크 데이터가 주어진다고 가정하면(이 사람들은 SNS에서 친구 관계이다), 그 속에서 소그룹을 찾아낼 수 있느냐는 것이다. 예를 들어, 서로 좋은 친구이고 다른 모든 사람과 친구가 아닌 최소 6명을 찾아낼 수 있을까? 있다면 6명이 바로 하나의 소그룹을 이루는 것이다. 하지만 생각해 보면 이런 소그룹을 찾으려고 할 때 다항 시간 알고리즘이 무용지물이라는 것을 알게 된다.

아주 복잡한 인간관계망에서 '소그룹'을 찾는 것은 매우 어려운 일이다.

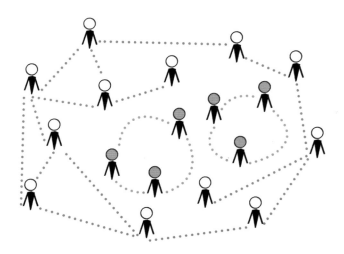

빨간색으로 표시된 6명은 세 명으로 이루어진 두 개의 소그룹을 구성하고
있음을 한눈에 알 수 있다.

또한 6명 또는 몇 명에 대해서 소그룹이 구성되느냐고 물으면 빠르게 판단할 수 있다. 그래서 이 소그룹 문제도 NP문제이다.

이와 유사한 문제는 많이 있는데, 여행하는 외판원 문제와 같은 예는 여러분이 스스로 이해해 보기를 권한다.

'NP문제'에서 'NP'는 도대체 어떤 의미일까? 'Non-deterministic polynomial'의 줄인 표현으로 '비결정성 다항 시간 문제'로 해석된다. 이 이름은 좀 어렵게 느껴지지만, 사실 뜻은 이해하기 어렵지 않다. 어떤 문제의 복잡도를 판정할 때, 보통 참, 거짓을 따지는 문제에서 마지막 문장은 '이 프로그램이나 알고리즘이 멈추는가'이다. '멈춘다는 것'은 프로그램 실행이 종료되는 것으로 처리된 문제에 대해 '예' 또는 '아니오'의 결과를 출력하는 것을 의미한다.

물론 앞서 언급한 모든 NP문제는 프로그램으로 작성되면 멈출 수 밖에 없는데, 최악의 경우에도 모든 상황을 열거하면 반드시 답을 얻을 수 있기 때문이다. 그래서 좀 더 구체적으로 질문을 한다면 '이 프로그램은 다항 시간에 멈출까?'라고 표현할 수 있다. P문제는 분명히 다항 시간 내에 멈출 것이고 NP문제도 의미가 있다. 예를 들어, 3색 문제에서 운이 좋아 지도를 3가지 색으로 색칠할 방안을 알아냈다면 머지않아 합리적인 색칠 방안도 찾을 수 있다. 그러면 프로그램은 빨리 멈출 수 있다. 그러나 이 지도에 3

가지 색으로 색칠할 방법이 존재하지 않는다면 프로그램이 모든 방안을 열거할 때까지 기다려야만 부정적인 답을 얻을 수 있다.

이렇게 프로그램 실행 시간이 기하급수적으로 증가하기 때문에 '비결정성 다항 시간'의 의미를 알 수 있는데, 즉 이 문제에 해답이 있다면 다항 시간 내에 정지할 수 있지만 이는 '비결정적'이다.

수많은 컴퓨터를 동원해 프로그램을 병행 실행하자는 더 강력한 논거도 제기되었다. 예를 들어, 지도의 색칠 방안이 1만 가지일 수 있다면, 1만 대의 컴퓨터로 각각 이 1만 가지의 다른 색칠 상황을 검사하면, 필연적으로 다항 시간 내에 결과를 제공할 수 있다. 모든 'NP문제'는 단일 답이 맞는지 빠르게 체크할 수 있는 CPU로 계산 시간을 대폭 단축할 수 있다는 특징이 있다.

그래서 사람들은 위와 같은 문제가 다항 시간 알고리즘 문제와 본질적으로 다르냐고 묻는다. 어떤 문제의 존재여부, 답을 검사하는 것은 매우 빠르지만 다항 시간에 해결하는 알고리즘은 없지 않을까?

'이 문제가 제기된 지 오래 되었지만 어느 누구도 다항 시간 알고리즘을 찾지 못했다는 것은 다항 시간 알고리즘이 없다는 것을 의미하지 않을까?'라고 물을 수도 있다. 하지만 수학자들은 증명 없는 결론을 내리지 않는다.

'P문제는 NP문제와 같은가'라는 질문도 중요하다. 현재 절대

다수가 'P!=NP'(정확히 말하면, P⊂NP이고 현재 P⊆NP임이 이미 알려져 있다)라고 여기지만, 'P문제는 NP문제'라는 것이 최종 입증된다면 그 결과는 심각할 수 있다. 현재 대부분의 암호화 알고리즘은 'P문제가 NP문제와 동일하지 않다'는 가설을 기반으로 하기 때문이다. 만약 P=NP라면 큰일인데, 많은 암호화 알고리즘이 다항 시간 파괴 알고리즘을 사용할 수 있다는 것을 의미하며, 이 암호화 알고리즘은 붕괴된다. 또한 내비게이션 경로 계획 등 NP의 실용적인 알고리즘이 많이 있으며 모두 NP문제와 관련이 있다. 이것은 P와 NP문제의 실용적인 의미이다.

이론적 의의는 P와 NP문제는 수리 논리 영역이며, 관련 문제의 복잡도 분류에서 가장 기초적이고 흔한 두 가지 문제 형태이기 때문에 사람들은 그들 사이의 관계를 명확히 하고 싶어 한다.

'P와 NP문제'는 왜 이렇게 어려운 걸까? 만약 P=NP를 증명하려면, 즉 한 문제에 다항 시간 검사 알고리즘이 있다는 것을 증명해야 한다면, 분명한 것은 다항 시간 내에 해를 구하는 알고리즘은 불가능해 보인다.

P!=NP를 증명하려면, 다항 시간 내에 해를 구하는 알고리즘이 존재하지 않는 NP문제를 하나 찾기만 하면 된다. 수학에서 이러한 증명에 있어서 '……가 존재하지 않는' 유형의 문제는 일반적으로 반증법을 사용한다. 하지만 이 문제가 어떻게 반증에서 갈등을 이끌어낼지는 여전히 큰 문제다. 또 'P와 NP문제'는 '연속체 가

설$^{\text{continuum hypothesis}}$'과 같이 증명할 수 없는 명제에 해당할 수 있다는 점도 고려된다.

마지막으로 위에서 언급한 NP문제는 컴퓨터 수업에서 모두 '지수 시간 복잡도' 문제로 불리는 것을 알 수 있을 것이다. 왜 NP문제를 '지수 시간 문제'라고 부르지 않을까? 이 문제의 반은 옳다. 확실히 모든 NP문제는 지수 시간의 문제이지만, 'P와 NP문제'와 유사하게 우리는 아직 어떤 '지수 시간 문제'도 찾지 못했으며, 분명히 'NP문제'는 아니다. 즉, 'NP문제가 지수 시간 문제와 동일한지 여부'는 여전히 미해결 문제로 남아 있다.

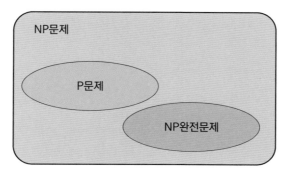

P문제, NP문제, NP완전문제의 관계도. 'NP완전문제'는 NP문제 중 가장 어려운 것으로 볼 수 있다. 현재 P문제는 NP문제의 부분집합이라는 것을 알고 있으나, P문제가 NP문제의 진부분집합이라는 것은 아직 증명되지 않았다.

알고리즘 이론에서 매우 중요한 'P와 NP문제'를 소개했는데,

'NP문제'는 흔하게 볼 수 있고 매우 많은 응용이 있다. 'P와 NP문제'는 알고리즘 복잡도 분류에서 가장 기본적인 두 가지 복잡도 유형이기 때문에 인류는 'P와 NP가 동일한지'에 대한 여부를 명확히 해야 한다.

Let's play with MATH together

본문에 나오는 지도는 이웃한 두 영역의 색을 다르게 하여 3가지 색으로 색칠할 수 있을까?

다음 정수 중 몇 개의 숫자의 합이 0인 경우가 있을까?

91, 74, −2, −86, 75, 21, 50, −88, −22, 26, −27, −16, −5, −89, −30, −4, 85, 12, 73, −29

생활 속에서 답을 검증하기는 쉽지만 찾기는 쉽지 않은 경우를 나열해 보자.

'복잡도 동물원' 속의 '마트료시카'

앞에서 '시간 복잡도'와 'P와 NP문제'가 무엇인지에 대해 이야
기하였다. 'P와 NP문제' 외에 복잡도에 대한 질문이 또 있을까?
대답은 '그렇다'이다. 게다가 매우 많다. 컴퓨터 과학자들은 알고
리즘으로 해결할 수 있는 다양한 문제를 수백 가지의 복잡도로
분류하였는데 어떤 사람들은 이를 '복잡도 동물원'이라고 부른다.
하지만 동물원의 너무 많은 동물들을 우리가 모두 다 알 필요는
없다.

Back to the Main Zoo · Complexity Garden · Zoo Glossary · Zoo References
Complexity classes by letter: Symbols · A · B · C · D · E · F · G · H · I · J · K · L · M · N · O · P · Q · R · S · T · U · V · W · X · Y · Z
Lists of related classes: Communication Complexity · Hierarchies · Nonuniform

NAuxPDA^P · NC · NC^0 · NC^1 · NC^2 · NE · NE/poly · Nearly-P · NEE · NEEE · NEEXP · NEXP · NEXP/poly · NIP2K · NIQSZK · NISZK · NISZK$_h$ · NL · NL/poly · NLIN · NLO · NLOG · NMCL · NONE · NNC(f(n)) · NP · NPC · NPC$_C$ · NP$^{(O)}$ · NP$_k^{CC}$ · NPI · NP$^{(1)}$ · coNP · (NP ∩ coNP)/poly · NP/log · NPMV · NPMV-sel · NPMV$_t$ · NPMV$_g$-sel · NPO · NPOPB · NP/poly · (NP,P-sampleble) · NP$_R$ · NPSPACE · NPSV · NPSV-sel · NPSV$_t$ · NPSV$_t$-sel · NQL · NQL · NQP · NSPACE(f(n)) · NT · NT* · NTIME(f(n))

naCQIP: non-adaptive Collapse-free Quantum Polynomial time
Defined in the conference version of [ABFL14]. Same as PDQP.

NAuxPDA^P: Nondeterministic Auxiliary Pushdown Automata
The class of problems solvable by nondeterministic logarithmic-space and polynomial-time Turing machines with auxiliary pushdown.
Equals LOGCFL [Sud78].

'복잡도 동물원'에서 알파벳 N으로 시작하는 동물만 수십 종에 이른다.

그중 가장 주요한 복잡도를 독자들에게 알려주려고 한다. 또한
그것들은 'P와 NP문제'에 따라 자연스럽게 뻗어 있기 때문에 비
교적 기억하기 쉽다.

이런 복잡도의 특징은 앞의 복잡도가 모두 후자의 부분집합이
라는 것이다. 그래서 러시아 인형 '마트료시카'처럼 생각할 수 있

고, 뒤로 갈수록 복잡도가 '복잡'해지기 때문에 이전의 비교적 단순한 복잡도 중의 문제를 내포하게 된다.

복잡도 분류의 '마트료시카', 작은 복잡도는 모두 큰 복잡도의 부분집합이다.

첫 번째로 소개할 복잡도는 '다항식 계층polynomial Hierarchy, PH문제'이다. PH문제는 NP문제의 일반화인데, 그것의 정의는 '2차 논리'로 언어의 집합을 표현할 수 있다는 것이다. '2차 논리'에 대해서는 앞서 튜링 머신에 대한 내용에서 소개되었는데, 여기서 한 가지 예를 더 들겠다.

많은 수학 명제가 '존재' 또는 '임의의 ~에 대하여'라는 두 가지 키워드로 시작한다. 예를 들어, 앞에서 언급한 '6명의 소그룹이 존재한다'는 6명이 다른 사람들과 모두 친한 사이가 아니라는 것이다. 이 명제는 바로 '존재'라는 두 글자로 표현된다. 그러나 하나의 명제에 '존재'와 '임의의 ~에 대하여'라는 두 개의 키워드가 동시에 여러 개 있으면 명제의 복잡도가 증가한다. 예를 들어, '소그룹'을 명제에 추가하여 다음과 같이 바꾸었다.

6명의 소그룹이 존재하여 이 6명은 다른 사람들과 모두 친한 사이가 아니며, 7명의 소그룹이 존재하지 않아 이 7명은 다른 사람들과도 친한 사이가 아니다.

보다시피 이 명제는 이전의 명제보다 훨씬 복잡하지 않은가?

물론 우리는 이전의 명제에 계속 추가하여, 다음과 같이 바꿀 수도 있다.

모든 자연수 n에 대하여 n개의 소그룹이 존재하고, $n+1$개의 소그룹이 존재하지 않는다.

비록 이 명제는 틀림없이 거짓인 명제이지만, 그것의 복잡도는 이전보다 훨씬 더 커진다. 요컨대, PH문제는 NP문제의 논리적으로 일반화된, 표현의 복잡도를 충분히 증가시키는 명제이다. 물론 모든 NP문제는 PH문제이다.

게다가 과학자들은 'P문제=NP문제', 즉 P=PH라면 PH문제가 NP문제에 비해 본질적으로 복잡성이 증가하지 않다는 사실을 발견했다. 따라서 PH문제가 P문제와 같지 않다는 것을 증명하는 것은 아마도 'P는 NP와 같지 않다'는 증명일 것이다. 여기까지 PH문제에 관한 내용이다.

다음은 '다항식 공간$^{\text{P-SPACE}}$ 문제'에 대한 이야기다. 여기서 P는 '다항식', space는 바로 '공간'이다. 기존에는 시간 복잡도를 고려했지만 하나의 알고리즘이 실행될 때는 시간뿐 아니라 메모리도 소모해야 하는데, 여기서 메모리는 '공간'으로 추상화할 수 있다. 알고리즘의 처리 대상이 증가할 때, 소모되는 메모리의 증가 정도는 어느 정도일까? 이것이 바로 '공간 복잡도'이다. '다항식 공간'의 복잡도는 쉽게 이해할 수 있는데, 즉 프로그램은 처리 대상에 따라 증가하며, 그 소모되는 메모리양은 다항식에 따라 증가한다.

과학자들은 이미 모든 PH문제가 '다항식 공간 문제'임을 증명했고, 모든 NP문제는 '다항식 공간 문제'라는 것도 간단하게 증명할 수 있다.

NP문제를 풀 때 우리는 이미 열거한 상황의 일련번호만 남겨두면 된다. 다시 '소그룹 문제'를 예로 들자면, 시간 소모를 고려하지 않을 때 우리는 열거법으로 풀 수 있다. 즉, n명 중에서 6명의 조합을 취하는 경우를 일일이 열거할 필요가 있다. 이러한 열거식 조합은 사전에 모든 조합을 메모리에 보관하지 않고 순환식으로 구성할 수 있다. 프로그램이 시작될 때, 단지 한 가지 경우를 열거하여 소그룹인지 아닌지를 검사하고, 그렇지 않다면 이러한 조합을 버리고 다음 것을 열거하면 알고리즘의 메모리 소모가 거의 상수이다. 그래서 '소그룹 문제'는 '다항식 공간 문제'이다. 유사한 방법으로 모든 NP문제가 다항식 공간 문제임을 증명할 수 있다.

어떤 다항식 공간 문제는 NP문제가 아닌가? 이는 미해결 문제이다. 현재 찾아낸 몇 가지 가능한 문제는 바둑의 끝내기 문제 등 보드게임과 관련된 문제이다. 바둑은 일종의 확정적인 게임 문제로, 끝내기 단계에 이르면 십여 개, 스무 개의 자리가 남아서 둘 수 있고 이론적으로는 하나의 완전한 게임 트리를 그려서 양쪽을 처음부터 끝까지 한 번씩 조합하여 쓸 수 있다. 이 게임 트리에서 최적의 수를 찾아내는 알고리즘을 '극소-극대 알고리즘'이라고 하는데, 사실 인간의 뇌에서 이루어지는 계산을 시뮬레이션하는 과정이다. 다음 단계의 최적수는 상대방이 다음에 최선의 수를 취할 때, 내가 선택할 수 있는 최선의 수를 말한다. 그리고 상대방의 다음 단계에서 최선의 수는 바로 나의 다음 단계에서 최선의 수를 전제로 하는 것이다. 이렇게 유추하여 재귀적으로 마지막 단계까지 계산하고, 다시 역추적하면 쌍방의 최선의 수를 찾을 수 있다.

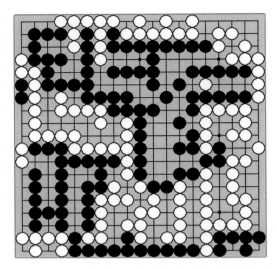

바둑이 종국에 가까워지는 단계를 '끝내기 단계'라고 한다. 이때 바둑판에서 선택할 수 있는 착점이 크게 줄어들어 이론적으로 완전한 '게임 트리'를 그려서 의사결정을 할 수 있게 된다.

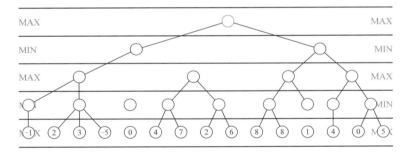

극소-극대 알고리즘 그림. 두 사람이 게임을 하는데, 현재 국면은 꼭대기 붉은 원의 위치이므로 우리 측은 국면이 왼쪽이나 오른쪽의 나무에 들어가도록 선택해야 한다. 맨 아래 숫자는 4단계 이후 상대방의 점수이다. 상대방의 점수를 최소화하려면 나는 왼쪽 또는 오른쪽을 선택해야 한다.

위의 알고리즘에 대해 공간 복잡도를 생각해 보면 게임 트리 계산을 할 때 게임 트리의 특정 계층에 대한 하나 또는 몇 가지 수만 저장하면 된다는 것을 알 수 있다. 만약 이 층이 나의 낙점이라면 나의 몇 가지 최선의 수를 저장하고, 다음 층이 상대방의 낙점이라면 상대방의 몇 가지 최선의 수를 저장한다. 이렇게 추산하면 필요한 저장 공간은 게임 트리의 깊이에 비례해야 하며, 게임 트리의 깊이는 일반적으로 낙점이 가능한 위치의 수이므로 위의 알고리즘은 '다항식 공간 알고리즘'이다. 바둑의 수 계산에 기하급수적으로 많은 공간이 필요하다면 아마 누구도 바둑을 잘 둘 수 없을 것이다.

그런데 끝내기 문제는 또 NP문제가 아닌 것처럼 보인다. 만약 당신에게 쌍방의 낙점 순서를 준다면, 이것이 쌍방의 가장 좋은 낙점 순서인지 어떻게 판단할 수 있을까? 위와 같은 극소-극대 알고리즘을 사용하면 그것의 시간 복잡도는 틀림없이 '지수 시간'이며, 당신은 9단 고수의 판단이 반드시 옳다고 할 수 없다. 그래서 현재 어떤 끝내기 순서가 최적인지 다항 시간 내에 판정할 수 있는 알고리즘이 없기 때문에 바둑의 끝내기 문제는 NP문제가 아닌 다항식 공간의 문제로 보인다.

'지수 시간 문제'는 다항식 공간 문제보다 더 복잡한데, 알고리즘 실행 시간이 문제의 규모에 따라 기하급수적으로 증가한다는 의미이다. 마찬가지로 모든 다항식 공간 문제는 지수 시간 문제이다. 어떻게 다항식 공간 문제를 지수 시간 문제로 귀결시킬 것인가는 여러분의 몫으로 남기겠다.

여러분이 추측한 바와 같이, 현재 과학자들은 지수 시간 문제이지만 다항식 공간 문제가 아닌 어떤 문제가 존재한다는 것을 아직 증명하지 못했다. 즉, 이 문제는 지수 시간 계산이 필요하고 지수 수준의 메모리 소모도 반드시 필요하다. 완전한 체스나 바둑 게임의 문제는 앞서 언급한 조건에 부합하는 예일 수 있으나, 현재로서는 증명할 수 없다.

여기까지 우리는 NP, PH 및 P-SPACE의 단순한 순서에서 복잡한 순서로 복잡도 사슬을 구성하였다. 또한 이전에 P가 NP의 하위 집합임을 언급하였다. 흥미롭게도 사람들은 양자컴퓨터를 연구하면서 P와 NP 사이의 두 가지 복잡도를 발견(또는 정의)했다.

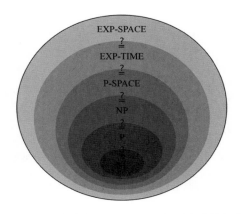

복잡도 그룹의 가장 바깥쪽 EXP-SPACE는 지수 공간 문제이다.

첫 번째 유형으로 'BPP^Bounded-error, Probabilitic, Polynomial time'라고 하며 '제한된 오류 확률을 가진 다항 시간'이라는 의미이다. 이름에서 알 수 있듯이 BPP문제는 먼저 다항 시간 알고리즘을 가지고 있지만, 우리는 이 알고리즘이 일정한 오류 확률을 갖도록 허용한다. 즉, 그 출력이 정확하다고 보장할 수는 없지만 오류 확률은 반드시 충분히 작아야 하며 고정된 상한이 있어야 한다.

정의에 따르면 P문제는 분명히 모두 BPP문제인데, P문제의 경우 이 오류 확률의 상한이 0이기 때문이다. 그러나 BPP문제의 알고리즘이 잘못된 결과를 출력할 수 있는데, 그것은 의미가 있을까? 물론 있다. 예를 들어 NP문제에 대해 우리는 모든 상황을 열거하는 데 너무 오랜 시간이 걸린다는 것을 알고 있으며, 실제로 해를 구할 때 항상 모든 상황을 열거하지는 않는다.

우리는 '계발적' 수단을 써서 가능한 한 빨리 합리적인 해답을 찾을 수 있다. 예를 들어, '3색 문제'를 해결할 때, 우선 어떤 영역에 어떤 색을 칠해 보고 그 영역에서 확산시켜 가능한 한 적은 색상으로 모든 영역을 채색할 수 있다. 이것은 모든 사람이 찾을 수 있는 아이디어이다.

어쩌면 중간에 더 이상 채색할 수 없다는 것을 알게 되어 충돌이 생겼을 수도 있고, 그러다 보면 그 이전의 어느 한 단계로 물러서지 않을 수 없다. 그러나 우리는 지도의 각 구역에서 시작하여 각각 3가지 다른 색의 시작 상황을 시험해 보고 충돌에 부딪

히면 다시 시도할 수 있다.

이와 같이 n개의 영역이 있는 그래프에서 최대 $3n$번 시도해도 답이 없다면 '해가 없다'고 한다.

컴퓨터 프로그램으로 위의 과정을 충분히 시뮬레이션할 수 있으며, 이 알고리즘은 다항 시간 내에 끝낼 수 있다. 해가 있다면 가장 좋지만, 만약 해가 없다면 해가 없는 모든 상황을 열거하지 않았기 때문에 어느 정도 오류 확률이 존재한다. 하지만 나는 이것을 여러 번 시도해 봤기 때문에 이 오류 확률은 매우 낮으며 오류 확률이 5% 이하라는 것도 증명할 수 있다.

이런 알고리즘은 실천에 있어서 매우 유용하며, 많은 경우 일정한 시간 내에 하나의 결과를 얻기를 원한다. 설령 그것이 일정한 오류 확률을 가지고 있다 하더라도 결과를 기다리지 못하는 것보다 좋고, 또한 끊임없이 해결 과정을 반복하면 점점 더 정확한 답에 가까워질 수 있다. 여기까지가 BPP문제의 의미이다.

두 번째 유형은 BQP[Bounded-error, Quantum, Polynomial time] 문제이다. 이것은 '제한된 오류 확률을 가진 양자 다항 시간'이라고 하는데, 사실 BPP문제보다 '양자'라는 단어가 더 많다. 이것의 간단한 정의는 양자컴퓨터로 (다항 시간 내에) 빠르게 처리할 수 있는 문제이다.

양자컴퓨터와 전통적인 컴퓨터의 주된 차이점은 무엇일까?

이전 장에서 언급한 NP문제는 서로 다른 컴퓨터가 서로 다른 상황을 개별적으로 검증하도록 하는 한, CPU에 의존하여 빠르게 해결할 수 있다. 반면 양자컴퓨터는 양자의 중첩 상태를 이용해 매우 많은 CPU를 얼마 안 되는 양자비트로 시뮬레이션하여 병렬연산을 할 수 있고, 양자의 마지막 '붕괴' 후 결과를 통해 우리에게 필요한 답을 얻게 해준다. 이렇게 많은 NP문제는 다항 시간 문제가 되었으며, 이는 양자 컴퓨터 개발의 가장 주요한 원동력이기도 하다.

그러나 양자의 행동은 통제되지 않고 모두 '확률적'인 행동이며, '계산' 결과는 항상 오차가 있을 수 있다. '평행우주 이론'에 따르면, 매번 양자컴퓨터의 계산 결과를 '측정'한 후에 우리는 어떤 우주에서는 정확한 결과를 얻었고, 어떤 우주에서는 잘못된 결과만을 얻을 수 있었다. 다행히 오류 확률은 몇 번만 계산해도 알 수 있다. 또한 항상 오류 확률을 받아들일 수 있을 정도로 낮출 수 있다.

어쨌든 양자컴퓨터는 항상 오차가 있기 때문에 빠르게 처리할 수 있는 문제를 '제한된 오류 확률을 가진 양자 다항 시간 문제', 줄여서 'BQP문제'라고 부르는 것이다. 현재 전형적인 BQP문제는 소인수분해 문제이다. 앞서 어떤 수가 소수인지 아닌지를 판단하는 것은 'P문제'라고 했지만, 그 수가 소수가 아닌 것으로 판단한다고 해서 우리가 이 수에 대해 소인수분해를 할 수 없는 것은 아니다. 현재 전통적인 컴퓨터에서 가장 빠른 소인수분해 알고리즘은 지수 시간 $O(e^{1.9(\log N)^{\frac{1}{3}}(\log\log N)^{\frac{2}{3}}})$에 가깝다.

1994년 수학자 피터 윌리스턴 쇼어[Peter Willistone shor](1959~)는 복잡도가 $O(\log^3 N)$에 불과한 표준 다항 시간 문제인 소인수분해 양자 알고리즘을 제안했는데 이 소인수분해는 곧 BQP문제이다. 그래서 우리는 양자 컴퓨터가 어떤 '양자 패권'의 순간에 도달하면 일부 암호화 알고리즘은 무력화된다고 말한다. 왜냐하면 일부 암호화 알고리즘은 전통적인 컴퓨터가 빠르게 소인수분해를 할 수 없다는 전제에 의존하기 때문이다.

모든 NP문제를 양자 컴퓨터가 빠르게 해결할 수 있을까? 현재 과학자들은 아직 증명할 수 없지만 NP문제와 BQP문제는 서로 포함되지 않는다고 생각하는 경향이 있다. 즉, 일부 NP문제는 양자컴퓨터가 빠르게 해결할 수 없고, 일부 BQP문제는 NP문제보다 더 복잡하다. 즉, 다항 시간 내에 답을 검증할 수 없다. 그러나 이는 모두 입증해야 할 영역이다.

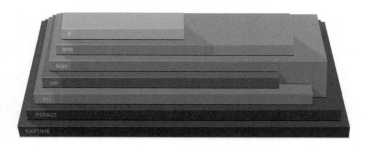

서로 다른 복잡도의 관계 다이어그램

모든 복잡도 문제는 정의가 복잡해 보이지 않지만, 이들 사이의 관계를 명확히 하는 데 어려움이 있다. 많은 복잡도 사이에는 부분집합 관계-아마도 진부분집합 관계-이지만 증명하기 어렵다. 또한 복잡도 동물원에 '동물'은 많지만, 그중 어떤 것과 어떤 것이 '가까운 친척'인지 여전히 모호하다. 언젠가 우리가 생물학의 분류처럼 알고리즘 '복잡도'를 간단하게 분류할 수 있는 날이 오길 바란다.

Let's play with MATH together

본문의 극소-극대 그림에서 왼쪽 아니면 오른쪽, 어느 쪽의 나무를 선택해야 할까?
어떻게 다항 공간 문제를 지수 시간 문제로 해석할 수 있을까?

제5장

수학도 비즈니스다

블록체인에는 스토리가 있다

　오래전, 깊은 산골에 한 마을이 있었다. 마을 사람들은 조용하고 평화로운 삶을 살았다. 어느 날 누군가가 산 뒤에서 금광을 발견하자 마을 사람들은 조바심이 나기 시작했다. 마을의 젊은이들이 잇달아 금을 캐서 외지에 팔았다. 마을 노인들이 격노하자 촌장은 마을 사람들을 소집해 "금광은 마을 전체의 자원이며, 각 가정은 반드시 채취한 금의 양을 기록하여 매월 보고하고, 수입의 일부를 비율에 따라 상납하여 마을 전체의 공유재산으로 삼아야 한다."라고 선포했다.

　그런데 얼마 지나지 않아서 많은 사람이 금 채굴량을 실제와 다르게 보고하고 있어 사실대로 보고한 사람들이 불만을 토로하기 시작했다. 이에 촌장은 모든 사람이 금을 캐는 즉시 각 가정에서 채굴 수량을 보고하도록 기안을 수정했다. 촌장은 장부를 보관하고, 가구당 채굴 수량을 기록해 매월 1회 납부해야 할 추징금을 결산했다. 장부는 공개되어 있어서 모든 사람이 언제든지 볼 수 있었다.

　하지만 시스템 수정 후에도 어김없이 불만의 목소리가 나왔다. 어떤 사람들은 일부 주민들이 촌장에게 뇌물을 주어 채굴량을 적게 기록하고 그 대가로 돈을 적게 냈다고 의심했다. 촌장이 난처해지자, 다시 온 마을 사람들을 소집하여 회의를 열고 "여러분이 각자 장부를 기록해도, 제가 따로 기록해도 당신들은 모두 믿을 수 없으니 이 장부를 어떻게 기록해야 할까요?"라며 하소연했다.

마을의 한 청년이 "집집마다 장부가 하나씩 있고 장부마다 집집마다 채굴한 수량을 기록합니다. 각 가정은 금을 채굴한 후 자신의 장부에 수치를 기재하는 것 외에 적어도 다른 한 가구에게 통보해야 하며, 그 장부에 상응하는 갱신을 하도록 요청합니다. 동시에 쌍방의 장부도 서로 대조하여 어떤 기록이 갱신되지 않았는지 살펴볼 수 있습니다. 만약 갱신할 내용이 있으면 같이 갱신도 하고, 어쨌든 장부가 항상 동기화되도록 하는 것입니다."라고 방법을 제안했다. 이 방안을 들은 마을 사람들은 한동안 생각에 잠겼다. 몇 분 후, 누군가 "고의로 신고하는 내용을 줄이면 어떻게 되죠?"라고 되물었다.

청년은 "저 또한 그런 상황을 예상했습니다. 제가 생각한 원칙은 어떤 장부의 내용이 반 이상의 마을 사람들에게 인정받을 수 있느냐는 것입니다. 만약 당신이 누군가의 기록이 가짜라고 의심된다면, 그의 기록을 당신의 장부에 기록하지 않으면 됩니다. 만약 어떤 사람이 장기간에 걸쳐 거짓말을 한다면, 그는 조만간 절반의 사람들에게 들통날 것이고, 그러면 그는 더 이상 금 채굴을 진행할 수 없을 것입니다."라고 대답했다.

또 그 사람은 '이렇게 해도 장부 내용이 일치하지 않으면 어떻게 하느냐'고 다시 물었다. 예를 들어, 내 장부에는 어떤 사람이 어느 날 채굴한 금의 수량이 적혀 있지만, 다른 사람이 나에게 와서 갱신할 때 그의 장부에는 다른 수량이 기록되어 있다. '내가 어떻게 갱신할 수 있을까?'라는 질문이다.

청년은 "어떤 기록의 진실성은 과반수 이상 주민의 인정을 받아야만 유효합니다. 그래서 충돌하는 기록을 발견했을 때 스스로 자신의 기록을 수정할지 여부를 판단하거나 상대방에게 수정하도록 할 수 있습니다. 이후 시간이 지날수록 다른 장부가 계속 갱신되는 과정에서 얼마나 많은 장부가 당신의 기록과 다른지 집계할 수 있습니다. 당신의 기록이 마을 주민 과반수 이상과 충돌한다는 것을 알게 되면, 당신의 기록에 문제가 있다는 것을 깨달아야 합니다. 이때 당신은 스스로 자신의 기록을 수정하고 다른 사람들과 일치시킬 수밖에 없습니다."

그 사람은 또 '한 사람이 과반수 이상의 주민을 속이면 알 수 없는 것 아니냐'고 반문했고 청년은 "그렇지만 과반수 이상을 속이는 것은 어렵습니다. 장부 기록 과정에서 만약 한 사람이 절반 이상의 사람을 신뢰할 수 있다면, 우리는 그가 신용이 있다는 것을 인정합니다. 우리가 이전의 장부 기록에서 보았듯이, 만약 촌장 혼자만 장부의 신빙성을 확보한다면, 결과는 촌장에 대한 불신이 날로 심해져 이 과정을 지속할 수 없게 만드는 것입니다. 그러면 우리는 이 책임을 모든 사람에게 할당하고 만약 절반 이상의 사람들이 성실하다면 우리는 이 시스템을 유지할 수 있을 것입니다.

저는 우리 마을의 다수가 신용이 있다고 믿습니다."라고 말했다. 촌장은 이때 "일리가 있습니다! 이전에 저 혼자 장부를 관리했는데, 스트레스가 너무 심했습니다. 모든 사람의 비위를 맞추는 게 힘들었는데 이제 다 같이 장부를 관리하는 걸로 변경하면 내용이 투명해지니 다들 할 말이 없겠죠?"라고 맞장구쳤다.

과연 더 이상 이의를 제기하는 사람이 없었다. 이 장부 관리 시스템이 한동안 실행된 후 모두 안심하게 되었다.

이와 같은 장부 기재 시스템이 '블록체인'이다. 블록체인의 탄생은 인터넷에서 '탈중앙화된 분산식 통장'을 실현하기 위한 것이다. 일반적인 장부는 은행 계좌와 같은 중앙화된 기관에 의해 관리된다. 은행 계좌의 금전 거래 정보의 신뢰성은 모두 은행이 관리하는 것에 있다. 그 신뢰성은 모두 은행에 대한 우리의 믿음에서 나온다.

인터넷에서도 우리는 게임 계정, 소셜 미디어 계정 등 다양한 계정 정보를 가지고 있다. 이러한 계정 정보 역시 대부분 인터넷 서비스 제공자가 관리하는 것으로 이로 인한 위험 중 하나는 이 서비스 제공자에게 경영 상황이나 신용 문제가 발생할 경우에는 상대방이 관리하는 개인 계정이 분실되거나 영구적으로 폐쇄될 수 있다는 것이다.

그래서 어떤 사람들은 '만약 우리가 인터넷에 정보를 저장하기

작은 마을에서 금광이 발견되어 평온한 생활이 깨졌다.

를 원한다면 또한 그 정보가 어떤 중앙화된 조직에 의해서 관리되지 않는다면 어떻게 이런 결과를 실현할 수 있을까'라는 문제를 고려하였다. 만약 이러한 정보가 개인의 자산과 재무의 기록이라면, 어떻게 절대 안전할 수 있겠는가? 블록체인은 이러한 목적을 달성하기 위해 탄생했다. 블록체인의 기본 운영 메커니즘은 두 가지이다.

1. 분산식 : 모든 정보는 모든 사람의 컴퓨터에 복사본이 있으며, 모든 사람이 이 복사본을 마음대로 복사할 수 있다. 사본 간의 정보는 네트워크에 의해 동기화된다.

2. 합의 메커니즘$^{Consensus\ mechanism}$: 사본 간에 내용이 충돌하면, 이러한 충돌을 해결하고 모든 사람의 사본을 계속 동기화할 수 있도록 하는 메커니즘이다. 탈중앙화된 블록체인은 일반적으로 네트워크의 절반 이상의 복사본에 저장된 정보를 인정하고 나머지 절반은 버리는 '다수 복종' 메커니즘에 따른다.

블록체인은 주로 컴퓨터 분야의 해시 알고리즘과 비대칭 암호화 기술을 사용하여 위와 같은 메커니즘을 구현한다. 네트워크 내의 모든 정보는 체인 형태로 저장되며, 후속 정보는 현재 체인의 후미에 지속적으로 추가된다. 체인 안의 각 고리를 '블록'이라고 부르는데, 이것이 바로 '블록체인'이라는 이름의 유래이다.

블록체인은 본질적으로 분산식 장부 시스템으로 각각의 장부를 논란 없이 동기화시키는 데 어려움이 있다. 이를 해결하는 방법은 '합의 메커니즘'이다.

어떻게 하면 블록체인 기술을 사용하여 마을의 분산식 장부를 실현할 수 있을까?

마을의 모든 주민은 자신의 계정을 생성해야 하는데, 하나의 계정은 비대칭 키, 즉 공개키와 개인키를 생성한다. 공개키는 다른 사람에게 공개할 수 있으며, 개인키는 엄격하게 비밀을 유지해야 한다. 비대칭 키는 암호화와 복호화, 또는 '서명'으로도 사용할 수 있는 것이 특징이다. 암호화와 복호화를 할 때는 다른 사람이 공개키로 암호화하고, 자신은 개인키로 복호화한다. '서명'할 때는 자신의 개인키로 암호화하여 다른 사람이 공개키로 암호를 풀도록 한다. 이렇게 하면 다른 사람은 이 정보가 개인키 보유자가 생성한 것이라고 확신할 수 있다. 또한 '서명'은 블록체인이 많이 사용하는 기능이다.

그런 다음 촌장이 블록체인의 첫 번째 블록으로 '창세 블록'을 생성하고, 온라인을 통해 마을 주민 전체가 내려받을 수 있다. 블록에는 '마을의 블록체인 오픈을 열렬히 축하한다'는 메시지가 삽입되고 촌장이 서명한다. 이때 모든 마을 주민은 촌장의 공개키로 이 정보가 촌장이 생성한 것인지 여부를 검증할 수 있다.

블록체인의 첫 번째 블록이 생기면 후속 장부 정보는 새로운 블록으로 완성된다. 예를 들어 김수학은 블록체인에 '나는 오늘 금 **g을 채굴했다'는 메시지를 넣고 싶었다. 김수학은 자신의 개인키로 이 메시지에 서명하고, 이를 자신이 저장한 블록체인에 추가해 인터넷을 통해 다른 마을 사람들에게 알릴 수 있다.

다른 마을 사람들은 이 메시지를 받은 후, 김수학의 공개키로 이 메시지가 김수학의 개인키로 서명되었는지 여부를 검사한다. 검사가 통과되면 자체 블록체인에 가입하고 동시에 다른 사람에게 알려준다.

정보가 충돌할 때 마을 주민마다 새로운 블록을 받거나 받지 않을 수 있어 블록체인이 일시적으로 갈래를 만들어낸다. 그러나 시간이 지남에 따라 어느 한 갈래가 사용자의 절반 이상의 인정을 받으면 소수파의 갈래는 버려지고 모든 사람의 블록이 동기화된다.

또 허위 정보 가입을 막기 위해 일정 금액의 '보증금'을 내고 난 뒤에야 신규 블록 추가 작업에 일정 비용을 들일 수 있고, 블록체인이 서비스하는 콘텐츠에 따라 신용이 있고 적극적인 사용자에게 보상하는 인센티브 메커니즘도 설정할 수 있다.

위에서 알 수 있듯이 블록체인은 중앙 관리 기관 없이 안전하게 정보를 공유하려는 욕구에 적합하다. 현재도 '프라이빗 체인'이라고 불리는 중앙 관리 기구가 있는 블록체인이 있다. 프라이빗 블록체인에서 중앙 관리 기관이 블록체인에 포함된 콘텐츠에 대한 최종 재량권과 수정권을 갖는다는 것은 중앙 관리 기관이 자체 신용으로 블록체인을 배서^{背書}하는 것과 같다.

디지털 소장품은 가치가 있을까?

전용 블록체인private blockchain과 개방형 블록체인public blockchain은 각각 장단점이 있고 적용 장소가 서로 다르다. '디지털 소장품'은 블록체인 기술의 한 파생상품이고 그 개념은 골동품 수집의 확장이다.

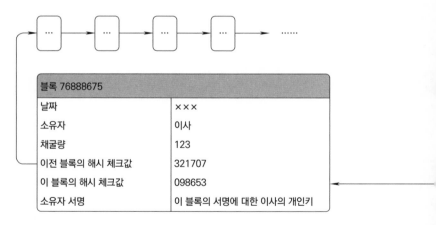

창세블록	
날짜	××××
소유자	이장
채굴량	0
이전 블록의 해시 체크값	없음
이 블록의 해시 체크값	982754
소유자 서명	이 블록의 서명에 대한 이장의 개인키

블록 76888675	
날짜	××××
소유자	이사
채굴량	123
이전 블록의 해시 체크값	321707
이 블록의 해시 체크값	098653
소유자 서명	이 블록의 서명에 대한 이사의 개인키

블록체인 구조를 개략적으로 나타낸 그림. 각 블록은 이전 블록의 해시(Hash)를 포함, 체인 구조를 구성하고 서명 메커니즘을 통해 현재 블록의 유일성과 진실성을 보장한다.

예를 들어, 우표는 많은 사람이 소장한다. 하지만 우표 한 장이 컴퓨터에 그림으로 바뀌면 소장 가치가 없어 보인다. 미술 작품도 훌륭한 수집품이지만, 컴퓨터에 있는 디지털 그림 한 장을 소장하는 사람도 없을 것이다. 디지털 파일 복제가 너무 쉽기 때문이다. 인터넷 시대에 디지털 문서에 일정한 소장 가치를 발생시

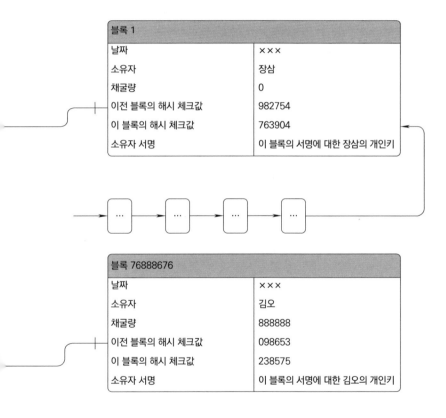

블록 1	
날짜	×××
소유자	장삼
채굴량	0
이전 블록의 해시 체크값	982754
이 블록의 해시 체크값	763904
소유자 서명	이 블록의 서명에 대한 장삼의 개인키

블록 76888676	
날짜	×××
소유자	김오
채굴량	888888
이전 블록의 해시 체크값	098653
이 블록의 해시 체크값	238575
소유자 서명	이 블록의 서명에 대한 김오의 개인키

킬 수 있는 방법은 없을까?

어떤 물건의 소장 가치는 독보성에 크게 좌우된다. 컴퓨터에서 하나의 파일이 복사되는 것을 방지할 수 없다면, 물건 소유자의 이름을 디지털 소장품 안에 매립하여 유일성을 발생시키는 것을 고려할 수 있다. 예를 들어, 한 화가는 컴퓨터로 그림을 그린 후 누가 자신의 그림을 구매하면 그림 한구석에 자신의 이름을 남긴다.

A 구매자 : "이 그림을 복사하고 그 이름을 자신의 이름으로 바꾼다면 첫 구매자가 쓴 돈도 의미가 없을 것 같은데요?"

판매 화가 : "이렇게, 나는 이 그림에 그의 이름을 쓰지 않습니다. 나는 이 그림의 소유자가 아무개라고 인터넷에 발표합니다. 그리고 먼저 이 그림의 해시Hash 체크 값을 발표할 것입니다. 이 체크 값에 맞는 사진 파일만이 원본 파일입니다. 누구든지 사진 속의 한 픽셀을 변경하면, 이 검사값이 변하게 됩니다. 그것은 나의 원본 그림이 아닙니다. 그런 다음, 나는 전체 정보에 서명할 것입니다. 이 메시지의 내용은 어떤 그림이며, 그 해시값은 xxx, 소유자는 xxx, 소유자의 공개키는 xxx입니다. 전체 정보에 서명하면 모든 사람이 내 공개키로 이 메시지가 내가 생성한 것인지 확인할 수 있습니다."

A 구매자 : "그 그림의 소유자의 진위를 어떻게 증명할 수 있을까요?"

판매 화가 : "당신은 그 메시지에 소유자의 공개키가 들어 있는 것을 보았습니다. 그러면 누구든지 이 공개키로 어떤 정보라도 암호화하고 소유자는 자신의 개인키로 복호화하여 그 결과를 보여주면 소유자는 이 그림이 확실히 그의 소유임을 증명하기에 충분합니다."

A 구매자 : "이 그림의 소유권을 어떻게 양도하나요? 매번 당신을 찾아 사인을 다시 생성해야 할까요? 하지만 그건 너무 번거롭죠. 그리고 이 그림의 최신 소유자가 누구인지 증명하기도 어려워요. 그림이 양도되지 않는다면 사고 싶은 사람도 별로 없지 않을까요?"

판매 화가 : (잠시 생각에 잠겼다가) "문제없습니다, 블록체인으로 이 문제를 해결할 수 있습니다. 이 그림의 소유자 정보는 언제나 블록체인 속 정보를 기준으로 합니다. 예를 들어 내가 이 그림을 처음 팔았을 때, 우리는 이전 정보에 서명해서 어떤 블록체인에 게시했습니다. 이후, 이 그림이 재판매될 때, 판매자가 서명하여 블록체인에 게시했습니다. 즉, 본인이 어떤 그림을 팔면 그 해시값은 xxx이고, 새로운 소유자는 xxx이며, 소유자의 공개키는 xxx입니다. 이렇게 블록체인을 믿으면 안전하고 신뢰할 수 있으며 이 그림의 소유자 정보는 영원히 공개되고 유효합니다."

위에서 언급한 내용은 디지털 소장품의 기본 작동 메커니즘이다. 디지털 소장품의 기술적 명칭은 일종의 전자 증빙을 의미하는 '대체 불가능 토큰$^{non-fungible\ token}$(약칭 NFT)'이다. 우리가 일반적으로 사용하는 전자 티켓, 디지털 신분증 등은 모두 일종의 전자 증빙서류이다. 일찍이 어떤 사람들은 일부 전자 증빙서류가 일정한 수집성을 가지고 있다는 것을 발견했다. 예를 들면, 기억하기 쉬운 핸드폰 번호 등이 있다. 하지만 이들 소장품은 서비스 수명이 만료되면 소장 가치를 잃는 경우가 많다.

이 원숭이 그림의 디지털 소장품 버전은 'Bored Ape Yacht Club'이라는 NFT 관리 기관에 의해 3,000달러의 가상 화폐에 팔렸다.

블록체인이 탄생한 이후 디지털 형태의 예술품에 전자티켓의 개념을 접목해 디지털 소장품이라는 개념이 생겨났다. 블록체인은 소장자가 디지털 소장품의 '유통기한 만료'를 걱정하지 않아도 되는 탈중앙화와 장기 유효성이 특징이다.

현재 국내외 많은 디지털 아티스트들이 디지털 소장품 형태로 자신의 회화, 사진 또는 음악 작품을 판매하고 있고, 이러한 디지털 형태의 소장품을 받아들이는 사람들도 많아지고 있다. 미래에는 더 많은 사람이 이러한 디지털 자산을 갖게 될 것이다.

디지털 화폐의 상식

자산 유형에 지폐 현금은 당연히 포함된다. 그렇다면 지폐를 디지털화할 수 있을까?

당연히 그렇다, 현재 중국에서는 이미 많은 사람이 '디지털 위안화(E-CNY)'를 사용하고 있다. 지금부터 디지털 화폐-위안화를 예로 들어-에 대한 간단한 소개를 하겠다.

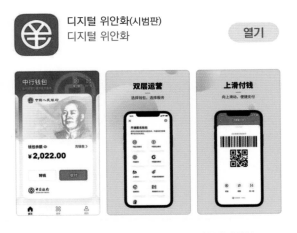

시범 운영 중인 디지털 위안화 지갑 어플리케이션

다수의 중국인이 가지는 디지털 위안화에 관한 첫 번째 질문은 '이미 알리페이와 위챗페이 등 모바일 지불 수단이 있는데 왜 디지털 위안화가 필요한가?'이다. 그래서 나는 여기서 디지털 위안화와 모바일 결제의 차이점을 중점적으로 이야기하려고 한다.

쉽게 말해 알리페이와 위챗페이는 은행카드를 핸드폰에 넣는 것이고 디지털 위안화는 현금을 핸드폰에 넣기 때문에 디지털 위안화와 일반적인 모바일 결제의 차이점은 주로 현금과 은행카드라는 차이(익명성과 오프라인 결제)이다.

통상적인 핸드폰 결제 수단에서 사용자는 충전 및 현금인출이 가능하도록 어떤 실명 인증을 통과한 후에 은행카드를 연동해야 하는 경우가 많다. 결제 시 시스템은 비밀번호 입력 등 결제자를 인증하고 서버의 데이터 변경을 통해 이체 과정을 완료해야 한다. 전체 과정은 실명제이므로 추적이 가능하다.

디지털 위안화를 보유하는 것은 이론적으로 실명 인증이 필요하지 않으며, 당신이 보유하고 있는 사실상 일종의 '대체 불가능 토큰'이라고 볼 수 있다. 당신이 그것이 소장 가치가 있다고 생각한다면 디지털 위안화도 당연히 디지털 소장품이 된다. 디지털 위안화에 대한 당신의 소유권에 대한 증빙은 핸드폰에 저장된 증빙에서 나온다. 디지털 위안화로 돈을 이체할 때 실제로 발생하는 것은 디지털 소장품의 소유자와 유사한 변경 과정으로, 당신의 핸드폰에 있는 약간의 지폐가 수취인의 핸드폰으로 '이체'되었다고 생각할 수 있다.

개인 핸드폰의 디지털 위안화는 특정 개인 정보와 연동되지 않는다. 만약 당신의 핸드폰에 1위안 짜리의 디지털 위안화가 있다면, 핸드폰에 있는 이 1위안이 정확히 어느 사람으로부터 왔는지 구체적으로 말할 수 없으며, 그것들은 구별할 수 없다. 이 모든 것은 지폐와 매우 비슷하다.

디지털 위안화는 익명성이 있기 때문에 누구든지 당신의 핸드폰을 주워 잠금을 해제한 후에 당신의 핸드폰에서 디지털 위안화를 장애 없이 쓸 수 있고, 당신은 어떤 기관에 당신의 디지털 위안화를 동결하라고 통지할 수도 없다. 따라서 핸드폰에 다량의 디지털 위안화를 저장하는 것은 권장되지 않는다.

지폐의 또 다른 특징은 인터넷 없이 결제가 가능하다는 것이다. 디지털 위안화도 마찬가지로 이러한 특성을 가지고 있는데, 이를 '더블 오프라인 결제'라고 한다. 두 대의 핸드폰이 모두 오프라인 상태에서도 마찬가지로 이체가 완료된다. 이때 두 핸드폰이 서로 가까이 붙어 블루투스 통신 수단으로 핸드폰에서 이체 작업을 완료해야 한다. 보안상의 이유로 오프라인에서 받은 돈이 바로 나가는 것이 아니라 중앙서버에 재접속한 뒤 이체가 유효하다고 판단하는 것도 수취인에 대한 일종의 보호다.

위에서 언급한 디지털 위안화의 특성을 바탕으로, 익명의 결제와 오프라인 결제를 원하는 경우에 디지털 위안화의 주요 사용 장면이 있음을 알 수 있다. 예를 들어, 더치페이로 회식을 할 때 디지털 위안화로 서로 돈을 이체하는 것이 다른 방식보다 편할 수 있다. 외국 관광객이 중국 여행을 할 때, 디지털 위안화를 보유하는 것이 핸드폰 개통보다 편리하고 결제 계좌가 훨씬 편리해져서 동시에 실제 결제가 가져다주는 편리함을 누릴 수 있다. 또 지하 차고지, 오지, 비행 중인 비행기 등과 같이 인터넷이 되지 않거나 품질이 좋지 않은 곳에서도 디지털 위안화의 오프라인 결제 기능이 유용하게 활용될 수 있다.

종이 없는 화폐는 큰 추세이다. 아마도 언젠가는 지폐를 더 이상 발행하지 않고 디지털 화폐가 유일한 현금 형태가 될지도 모른다.

여러분이 블록체인, 디지털 소장품, 디지털 화폐에 대해 어느 정도 이해하게 되었으리라 믿는다. 이러한 기술들이 우리에게 더 많은 생활 편의를 가져다 줄 것으로 기대한다.

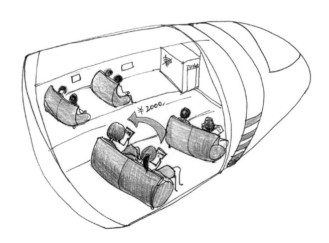

디지털 화폐가 있으면, 인터넷 연결이 되지 않는 비행기에서도 핸드폰으로 서로 돈을 이체할 수 있다.

부록

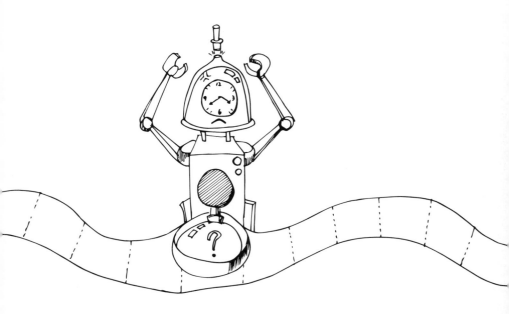

수학에서 증명이 가장 긴 정리

유한 단순군 분류 정리^{Finite single group classification theorem}

Finite single group classification theorem

[1] 150년에 걸친 여정

[유한 단순군 분류 정리]

유한 단순군은 다음과 같은 유형의 군^{群, group} 중 하나이다.

- 소수 차수를 가지는 순환군
- 5차 이상의 교대군
- 16가지 리 형태(Lie type) 단순군
  - 전형군
  - 예외 또는 얽힌 리 형태 단순군
- 26개의 산재군

이 문제는 해결되기까지 약 150년 이상의 시간이 걸렸다. 1981년에 완전히 입증되었다고 발표했으나, 나중에 일부 누락된 부분이 발견되기도 했다. 증명의 빈틈을 모두 다 채우는 데 25년이 걸렸고, 2004년을 전후해서야 완전히 증명됐다는 인식이 퍼졌다.

이 정리의 증명은 100여 명의 수학자들의 논문 500여 편을 포함하고 있으며, 총 페이지가 1만 5,000쪽에 달한다. 읽기에도 어려울 정도로 많은 양이다. 이후 어떤 수학자가 새로운 수학 도구와 언어로 이 정리의 증명을 다시 썼는데, 결국 5,000페이지에 달하는 증명이 나왔다. 컴퓨터를 이용하여 증명된 명제를 제외하고 사람이 읽을 수 있는 수학적 증명만을 고려한다면, 이 증명의 총 길이가 절대적으로 가장 길다.

그렇다면 유한 단순군 분류 정리란 무엇인가? 말 그대로 유한의 '단순군'을 분류하는 것이다.

'군'은 하나의 집합이며, 집합의 원소에 대해 어떤 연산 관계가 존재한다. 집합의 원소가 이런 연산에 닫혀 있고 결합법칙을 만족시킨다. 군에는 단위원과 각 원소의 역원이 존재한다.

군의 예 : 정수는 덧셈 연산에 대해 하나의 '군'을 이룬다.

– 정수를 더해도 여전히 정수이므로 덧셈에 대해 닫혀 있다.

– 덧셈은 결합 법칙을 만족시킨다.

– 어떤 정수에 0을 더하면 자신과 같으므로 0은 단위원이고, 어떤 정수 n에 대한 역원 $-n$이 존재한다.

집합 $\{1, 3, 4, 5, 9\}$ 이 '두 수를 서로 곱한 뒤 11로 나눈 나머지'라는 연산에 대해 군을 구성하는지 각자 확인해 보길 바란다.

부분군이 없는 군을 단순군이라고 하는 것이 아니라 '정규부분군'이 없는 군을 단순군이라고 한다. 정규부분군의 구체적인 정의는 다소 추상적이며, 이후에 정규부분군이 필요한 이유를 설명할 것이다.

수학자가 주어진 군에서 부분군을 찾는 것이 어떤 정수에 대해 인수분해를 하는 것과 비슷하다는 것을 발견하면서 사람들은 찾아낸 부분군이 인수처럼 원래의 군을 나누어 다른 군을 얻을 수 있기를 바랐다. 정규부분군만이 군과 특정 부분군 사이의 나눗셈을 쉽게 정의할 수 있으며, 이 나누어진 군을 '상군$^{Quotient\ group}$'이라고 한다. 그러나 군을 비정규부분군으로 나누면 군의 구조를 얻을 수 없다. 따라서 여기에서는 정규부분군이 군의 인자와 매우 유사하다는 것 정도만 언급하겠다.

왜 수학자들은 단순군에 특별한 관심을 기울일까? 단순군에는 정규부분군이 없다. 즉, 인자가 없다는 이야기다. 그렇다면 단순군은 소수와 같은 것일까? 소수의 유혹에 저항할 수 있는 수학자가 몇 명이나 있을까? 따라서 수학자에게 단순군은 정수에서 소수, 물리학에서 기본 입자, 화학에서 화학 원소와 같은 하나의 기본 단위이다. 기본 단위인 이상, 그것의 근본을 정확히 조사하여 몇 가지 종류가 있는지 확실히 하고 싶다.

단순군을 소수에 비유하는 것에 반대하며, 단순군을 대칭의 기본 형태에 비유해야 한다는 주장이 있다. 대칭성이 바로 자신에서 자신으로 가는 일종의 사상^{maping}이고 치환이기 때문에 하나의 대칭성은 하나의 유한군을 찾을 수 있음을 나타낸다.

또한 정규부분군을 군의 '대칭축'으로 생각할 수 있는데, 이는 군 안의 두 개의 원소를 동일한 것으로 볼 수 있는 것이다. 그리고 군이 정규부분군을 포함하고 있다면 그 전체 대칭성에 더 작은 대칭이 포함되어 있음을 의미한다. 정규부분군이 없다면 이런 군은 가장 기본적인 대칭을 나타낸다. 우리는 유한 단순군의 분류를 우주에서의 모든 대칭성에 대한 분류로 볼 수 있다. 따라서 어떤 사람들은 단순군을 대칭성의 원자라고 부를 수 있다고 생각한다.

[정규부분군의 정의]

군 G의 부분군 N은 정규부분군으로, 이는 '켤레 변환$^{\text{conjugate transformation}}$' 하에서 변하지 않는다. 즉, 군 N의 원소 n과 군 G의 원소 g에 대하여, 원소 gng^{-1}는 여전히 군 N의 원소이다.

$$N \lhd G \Leftrightarrow \forall n \in N, \ \forall n \in N, \ gng^{-1} \in N$$

예를 들어, {1, 3, 4, 9, 10, 12}와 '법^{mod} 13의 곱셈법(두 수를 곱한 결과를 13으로 나눈 나머지)'으로 구성된 군 G에 대해서 {1, 3, 9}이 군 G의 정규부분군이고 3과 9가 서로 역원임을 확인할 수 있다. 이를 통해 N의 원소, 예를 들어 3과 4에 대해 다음을 검증할 수 있다.

$$3 \times 3 \times 9 = 3 \ (\text{mod} \ 13)$$

$$3 \times 4 \times 9 = 4 \ (\text{mod} \ 13)$$

연산 결과는 여전히 군 N의 원소이다(이 예에서 연산 결과는 모두 군 N에서 선택된 원소이므로 정규부분군 '켤레 변환'은 변하지 않는다).

'모든 소수 차수의 순환군은 단순군이다.', '모든 유한 단순군은 어떤 치환군과 동형이다.' 이 두 가지 명제를 합하면, 모든 유한 단순군은 소수 차수의 순환군일까? 안타깝게도 답은 그렇지 않다. 소수 차수 순환군은 모두 단순군이지만, 일부 단순군은 소수 차수 순환군이 아닌 것이 사실이며, 그렇지 않으면 이 정리는 너무 간단하다. 그러나 '모든 소수 차수의 순환군은 단순군'이라는 명제를 우습게 보면 안된다. 이 명제는 군론에서 '라그랑주 정리'의 하나의 추론이다. 그것으로 수론에서 유명한 '페르마 소정리'를 증명한다면 간단하다. 군론은 매우 복잡한 정의와 포석 위에 원래의 비교적 어려운 수학 명제에 대하여 간단한 증명을 제공할 수 있는데, 이는 군론이 새로운 도구로써 매우 적합하다는 것을 반영한다.

라그랑주 정리의 내용

H가 유한군 G의 부분군이라고 하면, H의 차수는 G의 차수로 나누어떨어진다. 군의 차수는 군의 원소 개수이다.

페르마 소정리에 따르면 만약 P가 소수라면,

$$a^p \equiv a \,(\mathrm{mod}\ p)$$

분명한 것은 a와 p가 서로소인 상황만 고려하면 된다. 이때 p는 0이 아닌 모든 나머지, 같은 의미에서 곱셈에 대하여 하나의 군을 이루며, 이 군의 차수는 $p-1$이다. 군에서 어떤 원소 b를 생각하면, 라그랑주 정리에 따라 b는 군의 차수로 나누어떨어진다.

비록 모든 단순군이 소수 차수의 순환군인 것은 아니지만, 이 명제에 '교환가능'을 추가하면 모든 유한인 교환 가능한 단순군은 소수 차수 순환군이다.

교환가능은 교환 법칙이 가능한 것이다. 우리에게 익숙한 순환군은 교환 가능하지만, 일부 치환군은 교환 불가능이다. 그중에는 큰 부류 중 하나인 갈루아가 군 개념을 발명했을 당시 발견한 유한군인 '교대군alternating group'이 있다.

교대군의 개념을 이해하려면 먼저 3명이 줄을 설 때, '1-2-3'과 같은 순서를 매기는 것을 고려해 볼 수 있다. 3명끼리 서로 위치를 바꾸면 또 다른 줄서기로 바뀐다. 위치를 바꾸는 방법은 총 몇 가지가 있을까?

3명이 줄을 설 때 서로 위치를 바꾸는 방법은 총 몇 가지일까?

위치를 바꾸는 방법을 다르게 물어봤지만 위치를 바꾼 후에도 3명은 어떤 하나의 순서로 줄을 선다. 따라서 3명의 서로 다른 줄서기 방법은 3!=6가지임을 알 수 있다. 어떻게 자리를 바꿔도 늘 현재 줄서기 방식에서 다른 방식으로 바뀌는 것이기 때문에 자연스럽게 3!=6가지 자리바꿈 방식에는 '항등 변환', 즉 바로 자신이 자신과 '교환'하여 최종적으로 줄서기 위치가 바뀌지 않는 변환을 포함한다.

이제 3!=6가지 변환이 하나의 집합을 구성한다. 이러한 치환들이 하나의 군을 구성할 수 있다는 것은 명백하며, 이런 군을 '대칭군'이라고 한다. 세 원소의 모든 치환으로 이루어진 군이기 때문에 '3차 대칭군'이라고도 한다. 이제 또 다른 문제는 이런 3차 대칭군 중에 정규부분군이 있을까 하는 것이다.

hint : 6가지 치환의 절반을 제거한 후 남은 3가지 치환도 군을 구성하며 정규부분군이다. 이 3가지 치환은 다음과 같다.

1. 자기 자신과 교환하는 '항등치환'
2. 1은 2로, 2는 3으로, 3은 1로 바꾸는 치환
3. 1은 3으로, 3은 2로, 2는 1로 바꾸는 치환

이 3가지 치환은 어느 두 가지의 연속 변환 또는 그중 어떤 치

환으로 직접 나타낼 수 있는데 스스로 확인해 보기를 바란다. 여러분이 지금 발견한 이 3가지 치환으로 이루어진 군이 바로 3차 교대군이다. 각 교대군의 원소 개수는 모두 동일 차수 대칭군의 반이다. 즉, n차 교대군은 $\dfrac{n!}{2}$개의 원소를 가진다.

C_3	1	A	B
1	1	A	B
A	A	B	1
B	B	1	A

3차 교대군(동일 구조의 3차 순환군) 연산표

그렇다면 3차 교대군은 단순군일까? 그렇다. 하지만 안타깝게도 3차 교대군은 사실 3차 순환군과 동형이기 때문에 이것은 새로운 발견이라고 할 수 없다. 하지만 실망은 이르다. 우리는 4차 교대군을 계속 연구할 수 있다. 즉, 4명의 줄서기 상황으로 위치를 바꾸는 문제이다. 4차 교대군은 $\dfrac{4!}{2}=12$개의 원소를 가진다. 이 12개의 원소로 이루어진 군의 연산표를 구성해 보자. 그것은 단순군일까? 아쉽게도 아직 아니다. 왜냐하면 정규부분군도 있기 때문이다.

4차 교대군은 이미 몇 가지 특별한 성질을 가지고 있는데, 그것은 교환군이 아니다. 즉, 그중 일부 치환이 교환 법칙에 부합하지 않는다는 것은 이미 매우 특별한 발견으로 우리가 이전에 알고 있던 모든 치환군은 교환 법칙이 성립한다. 4차 교대군은 매우 중요한데, 그것의 정규부분군을 '클라인 사원군Klein four group'이라고 하며 원소가 가장 적은 비가환군non-Abelian group이다. 갈루아는 4차 방정식에 근의 공식이 존재함을 증명하는 과정에서 4차 교대군이 정규부분군의 성질을 갖는다는 것을 사용했다.

2차 교대군   3차 교대군   4차 교대군

2차 교대군에서 4차 교대군까지의 그림

여기서 그만두어서는 안 된다. 반드시 5차 교대군을 조사해야 한다. 5차 교대군은 $\frac{5!}{2}$=60개의 원소를 가진다. 그것은 단순군일까? 그렇다. 매우 기쁘게도 단순군이다. 그것은 정규부분군이 없을 뿐만 아니라 교환법칙이 성립하지 않는 군이다. 계속해서 사람들은 5차 이상 교대군이 모두 단순군이라는 것을 알게 되었다.

그해 갈루아는 일반적인 5차 이상의 방정식에 근의 공식이 없다는 것을 증명할 때 이 중요한 조건을 사용했다. 이전에 사람들은 2차, 3차, 4차 방정식의 근의 공식을 증명하는 과정이 모두 방정식을 비교적 낮은 차수의 방정식으로 만드는 것임을 발견했다. 갈루아는 이 과정이 군에서 어떤 형태의 정규부분군을 찾는 과정으로 추상화될 수 있음을 발견했다. 5차 이상 교대군에는 정규부분군이 없기 때문에 5차 이상 방정식은 근의 공식이 없는 것이다. 그의 이런 생각은 또한 방정식에 근의 공식이 존재하는지 여부를 판정하는 데 사용될 수 있다. 비록 일반적인 5차 방정식은 근의 공식이 존재하지 않지만, 어떤 특수한 형식의 고차 방정식은 여전히 근의 공식이 있다. 여러분은 방정식을 풀 때 방정식에 대한 변환이 사실은 일종의 치환 조작이라는 느낌을 받는가? 군론을 사용하여 어떤 형태의 방정식만 조사하고 해당 치환군이 '가해군 solvable group'에 속하는지 여부를 조사하여 이 방정식에 근의 공식의 존재 여부를 판단할 수 있다.

이제 우리는 소수 차수 치환군과 5차 이상 교대군이 모두 단순군이라는 것을 안다. 하지만 아직 남은 것이 있다. 또 하나의 큰 부류의 단순군으로 바로 '리 형태 Lie type 단순군'의 '전형군'과 '예외 리 형태 단순군'이 있다. 리 형태 단순군은 19세기 노르웨이 수학자 소푸스 리 Sophus

소푸스 리

^{Lie}(1842~1899)의 이름을 따서 명명되었다.

'리 형태 단순군'의 개념은 너무 어려워서 내가 간단하게 설명할 수 있는 정도를 훨씬 뛰어넘기 때문에 그냥 지나칠 수밖에 없다. 흥미롭게도 '리 형태 단순군'이라는 명사는 소푸스 리 본인이 지은 것이 아니라 그가 죽은 지 여러 해가 지난 후 후손들이 그의 업적을 이어받아 그를 기리기 위해 이 군을 '리 형태 단순군'이라고 하였다. 리 형태 단순군에서 단순군 분류 문제를 명확히 하여 1950년대에 이르러서야 비로소 완성되었다. 이유는 리 형태 단순군 중 비교적 우호적인 '전형군'이 많이 있지만, '예외 리 형태 단순군'이라고 하는 예외가 있어 복잡성을 말해준다.

리 형태 단순군은 양자 물리학에서 매우 중요하다. 현재 물리학에서 가장 큰 목표는 바로 하나의 이론으로 만물을 해석하자는 대통일 이론을 찾는 것이다. 그러나 현대 물리학의 표준 모형 이론은 너무 복잡하다. 물리학자는 복잡한 이론을 좋아하지 않으며 다수는 우주의 기초 운행 메커니즘은 간단하고 아름다워야 한다고 생각한다. '심플함'과 '아름다움'을 찾으려면 '대칭'을 찾아라. '대칭'을 찾으려면 사람들은 '군'을 떠올릴 것이다. 사람들은 여러 종류의 리 형태 단순군이 내포하고 있는 대칭성을 발견했다. 이는 일부 기본 입자의 성질을 설명하는 데 사용될 수 있다. 우리는 일부 물리책에서 '유니터리 군^{unitary group}', '심플렉틱 군^{symplectic group}' 등의 명사를 볼 수 있는데, 그것들은 모두 리 형태 단순군에 속하기 때문에 리 형태 단순군은 매우 강력한 도구이다.

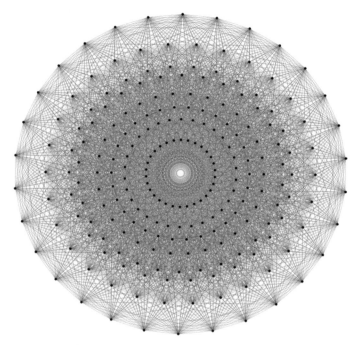

리 형태 단순군 'E8'의 한 도형 그림

우리는 앞서 4가지 단순군, 즉 소수 차수 순환군, 5차 이상 교대군, 전형군과 일부 '예외 리 형태 단순군'에 대해 알아보았다. 이 몇 가지 단순군이 일반인들이 이해할 수 있는 단순군이라면, 수학자는 앞의 군으로부터 독립된 26개의 '산재군'을 발견했는데,

이는 곧 '한가로이 돌아다닌다'는 뜻이다. 이 26개 군은 약간의 신비스러움을 띠고 있는데, 그것들의 차수(원소의 개수)는 적게는 수천에서 많게는 10^{53}에 달한다. 그리고 그들 사이에는 크고 작은 관계가 있지만, 몇 가지는 다른 것과 전혀 관계가 없다. 또한 26개의 산재군이 존재하기 때문에 유한 단순군 분류 정리 프로젝트가 방대하다고 설명할 수 있다.

24차원 결정의 고유한 대칭

앞서 소수 차수 순환군에서 5차 이상의 교대군 및 '리 형태 단순군'의 세 가지 주요 범주를 언급하였다. 하지만 우주에는 26개의 산재군이 더 존재한다. '산재'는 바로 바깥에 흩어져 독립적으로 행동한다는 뜻이다.

26개의 군은 참으로 이상하다. 수학자들은 이들 사이에 강하거나 약한 연관성에 따라 4가지로 분류한다. 가장 먼저 발견된 부류는 '마티외 군Mathieu group'이라고 불리는데, 1860년대에서 70년대에 걸쳐 프랑스의 수학자 마티외에 의해 발견되었으며, 심지어 리 형태 단순군보다 더 일찍 발견되었다. 마티외 군을 이해하려면, 우리는 먼저 다음과 같은 문제를 하나 풀어야 한다.

종이 위에 마음대로 7개의 점을 그리고 이 점들을 연결하되 세 점이 일직선 상에 있지 않은 임의의 곡선으로 연결되어야 한다. 임의의 두 점은 하나의 선으로만 연결, 즉 어떤 두 점 사이에 선이 없거나 하나의 선만 존재한다.

시간이 좀 걸리더라도 7개의 곡선으로 이루어진 연결된 그래프를 그릴 수 있을 것 같다. 수학에서 이와 같은 연결 그래프를 '슈타이너계Steiner system'라고 하는데, 이는 19세기 스위스 수학자

야코프 슈타이너Jacob Steiner(1796~1863)가 제안한 조합 수학 이론이다. 우리는 수학자들이 어떤 문제에 대해 일반화하기를 좋아한다는 것을 알고 있다. 따라서 우리도 수학자처럼 슈타이너계를 일반화해 보자. 먼저 3개의 매개변수를 취하여 다음과 같이 표현할 수 있다.

만약 n개의 점이 있다고 가정하면, 각 변은 t개의 점을 포함하며 k개의 점이 하나의 선으로 연결된다. 따라서 n, t, k의 3개의 매개변수를 가지며 $S(k, t, n)$으로 나타낸다. 이것은 앞에서 다룬 $S(2, 3, 7)$이다. 분명한 것은 임의의 n, t, k조합으로 슈타이너계를 만들 수 없다.

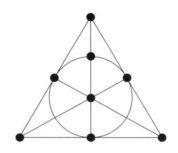

7개의 점을 가지는 슈타이너계. 두 점은 한 선으로 연결되며 각 변은 3개의 점을 포함한다.

이것은 간단한 순열 조합 문제인 것 같지만, 그 안에 담긴 문제의·의미는 매우 어렵다. 2014년이 되어서야 t=4와 t=5의 슈타이너계가 무한히 많다는 것이 입증되었다. 그리고 $t \geq 6$인 자명하지 않은 슈타이너계의 존재 여부는 아직 알려지지 않았다.

슈타이너계는 군과 어떤 관계가 있을까? 슈타이너계에는 고도의 대칭성이 내포되어 있음을 알 수 있다. 그래서 일단 슈타이너계가 구축되면 사람들은 항상 어떤 군으로 설명할 수 있다. 1861년 마티외는 군을 연구하던 중, 후에 M_{12}로 명명된 군을 발견하였다.

참고로 화학 원소 주기율표에 의해 영감을 받았는지 모르지만, 모든 산재군의 명명은 그 발견자 성의 머리글자를 딴 것이다. 그래서 '마티외 군'의 이름은 모두 알파벳 'M'에 숫자를 붙인다.

위의 군에서 숫자 12의 의미는 뒤에 언급할 것이다. 마티외는 논문에서 군 M_{24}의 존재를 간단히 예언했다.

1931년 어떤 수학자는 마티외가 슈타이너계를 분석해서 얻은 군은 아니지만, 군 M_{12}는 사실 12개 점의 슈타이너계에 포함되어 있다는 사실을 발견했다. 이 슈타이너계는 $S(5, 6, 12)$ 즉, 평면상의 12개의 점에서 5개의 점이 직선 위에 오도록 6개의 점을 하나의 선으로 연결한다.

나는 이 결론을 보고 슈타이너계가 도대체 어떻게 생겼는지 보고 싶었지만, 놀랍게도 인터넷에서 실제로 12개의 점의 슈타이너계를 그릴 수 있다는 사람을 발견하지 못했다. 내가 찾을 수 있었던 것은 모두 대수적 방법으로 묘사된 구성 과정으로 이 그래프는 132개의 변으로 구성되므로 매우 복잡할 수 있다. 그린다고 하더라도 디테일이 잘 보이지 않을 것 같지만 그래도 누군가 그려줬으면 좋겠다.

이 마티외 군에 대응하는 슈타이너계의 점의 총수는 12개로 모두 M_{12}로 명명되었다. 1871년 마티외는 또 다른 4개의 마티외 군을 발견했다. 후에 사람들은 이 몇 개의 마티외 군이 특정한 슈타이너계에 포함되어 있다는 것을 발견하였다. 어떤 방식으로든 무한한 군을 도출할 수 있다. 하지만 그 많은 군 중에서 공교롭게도 5개의 마티외 군이 서로 다른 유한 단순군으로 구성되어 있다는 점이다. 슈타이너계에서 파생된 다른 군은 단순군이 아니거나 다른 유한 단순군에 속한다. 이 5개의 특별한 군은 정말 신기하다.

이 5개의 마티외 군 중 가장 작은 것은 M_{11}이지만 7,920개의 원소를 가진다. 가장 큰 것은 M_{24}로 244,823,040개의 원소가 있다. 그 후 오랜 시간 동안 사람들은 더 이상 다른 산재군을 발견하지 못했다. 그러다 또다시 산재군이 발견된 것은 100년 후이다. 그러나 논리적으로 매끄럽게 하기 위해 나는 시간 순서대로 단순군에 대해 소개하지 않고, 수학자들에게는 '2세대 단순군'으로 불리는 '리치 격자Leech lattice'를 먼저 말했고, 마티외 군을 '1세대 단순군'이라고 불렀다.

'케플러 추측'에 대한 부분에서 리치 격자, 입맞춤 수에 대해 간단히 언급한 적이 있다. 여기서 입맞춤 수 문제에 대해 좀 더 구체적으로 소개하겠다.

먼저 '평면상에 하나의 원이 주어질 때, 크기가 서로 같은 원이 겹치지 않고 최대 몇 개의 원과 접할까?'에 대한 문제이다. 동전을 직접 꺼내어 확인하지 않고도 사고실험만으로 평면 위의 원이 최대 6개의 같은 크기의 원과 서로 겹치지 않고 접하므로 6개라는 답을 얻을 수 있을 것이다.

3차원 공간의 경우, 답은 12개이다. 이때 바깥 부분에 있는 12개의 구 사이에 약간의 틈이 생긴다.

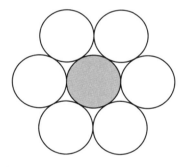

평면 위의 하나의 원은 최대 6개의 자신과 크기가 같은 원과 접한다.

위와 같은 문제를 '입맞춤 수 문제'라고 하는데, 이는 마치 바깥의 구가 안쪽 구에 입맞춤을 하는 것과 같기 때문이다. 또한 당구 게임에서 의도하지 않은 방향으로 공이 진행될 때 생기는 접촉을 '키스kiss'라고 부르는데, 이것이 바로 이 명칭의 내력이다.

부분 마티외 군 특성표

군 명칭	차수 (군의 원소 개수)	차수의 소인수분해	전달성 (transitive)	단순군 여부	산재군 여부
M_{24}	244823040	$210 \times 33 \times 5 \times 7 \times 11 \times 23$	5-transitive	단순군	산재군
M_{23}	10200960	$27 \times 32 \times 5 \times 7 \times 11 \times 23$	4-transitive	단순군	산재군
M_{22}	443520	$27 \times 32 \times 5 \times 7 \times 11$	3-transitive	단순군	산재군
M_{21}	20160	$26 \times 32 \times 5 \times 7$	2-transitive	단순군	$\simeq PSL_3(4)$
M_{20}	960	$26 \times 3 \times 5$	1-transitive	×	$\simeq 2^4 : A_5$
M_{12}	95040	$26 \times 33 \times 5 \times 11$	sharply 5-transitive	단순군	산재군
M_{11}	7920	$24 \times 32 \times 5 \times 11$	sharply 4-transitive	단순군	산재군
M_{10}	720	$24 \times 32 \times 5$	sharply 3-transitive	거의 단순군	$M_{10}' \simeq Alt_6$
M_9	72	23×32	sharply 2-transitive	×	$\simeq PSU_3(2)$
M_8	8	23	sharply 1-transitive	×	$\simeq Q$

수학자는 일반화를 매우 좋아하기 때문에 4차원 혹은 그 이상의 차원에서는 입맞춤 수가 얼마인지 반문한다. 2차원, 3차원의 경우는 직접 실험을 통해서도 알 수 있다. 여러분은 4차원의 상황도 어렵지 않다고 생각할 수 있지만, 4차원의 입맞춤 수 문제는 2003년에야 비로소 정확하게 확인되었고 그 답은 24이다.

　2차원, 3차원, 4차원의 입맞춤 수가 각각 6, 12, 24인 것으로 보아 한 차원이 증가할 때마다 2배가 되는 건 아닐까? 틀렸다. 5차원의 입맞춤 수에 대해 수학자는 정확한 숫자는 모르지만, 그 상한이 44라는 것을 알고 있기 때문에 48일 리가 없다. 더욱 의외인 것은 5차원 이상의 입맞춤 수는 수학자가 더 이상 정확한 수치를 찾아내지 못했는데 일부 상한과 하한만을 알 뿐이다.

　다시 한번, 또 뜻밖의 일이 발생했다. 5차원 이상에서 수학자가 정확한 입맞춤 수를 얻을 수 있는 차원은 두 개밖에 없다. 이것이 바로 8차원과 24차원이다. 24차원 입맞춤 수는 196,560개로 이는 24차원 공간에서 구 하나가 최대 196,560개의 구와 동시에 접할 수 있다는 뜻이다. 8차원과 24차원의 입맞춤 수를 일찍 정할 수 있었던 이유는 이 두 차원의 공간이 높은 대칭성을 가지고 있기 때문이다. 1940년 독일의 수학자 에른스트 비트[Ernst Witt]가 24차원 입맞춤 수를 발견했다고 추측하지만, 결론이 발표되진 않았다. 1967년 영국의 수학자 존 리치가 24차원의 입맞춤 수를 공식적으로 증명했다.

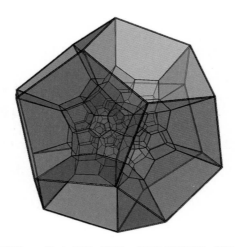

24차원의 물체는 그릴 수 없다. 아래는 4차원 준결정체, 일명 정120포체 (120-cell)라고 불린다. 이것은 현란한 대칭성을 보여준다.

만약 2차원 평면에서 리치 격자를 얻고자 한다면 이 같은 그림만 얻을 수 있다.

어쨌든 24차원 공간에서 구 하나가 동시에 196,560개의 구와 접하는 모양은 하나의 결정 모양으로 일반화되어 '리치 격자'라는 이름이 붙었다. 이 격자는 높은 대칭성을 가지고 있기 때문에 사람들은 자연스럽게 그 안에 군 구조가 있을 것이라고 기대했다.

여기에 여러분이 이미 잘 알고 있는 수학자 존 H. 콘웨이가 언급된다. 이 책에서 이미 여러 차례 콘웨이를 언급한 적이 있는데, 그의 가장 유명한 업적은 바로 '생명 게임Game of Life'을 발명한 것이다. 그는 20세기에 가장 대중적인 지명도를 가지고 있는 동시에 수학과학의 일반화에 열정적인 수학자이다.

1967년, 리치는 '리치 격자'를 발견하자 그 속에 단순군 구조가 있는지 알고 싶어 다른 수학자들에게 도움을 청해 함께 연구했다. 콘웨이는 리치의 연구에 매우 흥미가 있어서 이 임무를 맡았다. 당시 콘웨이는 겨우 서른 살이었고 아직 유명하지 않았지만, 이미 세 명의 아이가 있었다. 그 역시 기혼 남성으로서 고민이 있었는데, 바로 일과 가정에서 시간을 어떻게 분배할 것인가였다. 아내와 상의 끝에 그는 매주 수요일 저녁 6시부터 12시까지, 매주 토요일 낮 12시부터 밤 12시까지의 시간을 할당받았다.

당시에는 개인용 컴퓨터가 없었고 계산기조차 발명되지 않아 모든 연산은 직접 손으로 계산해야 했다. 하지만 콘웨이는 중대한 발견이 눈앞에 있다는 것을 감지하였고 이는 매우 흥분되는 일이었다. 첫 번째 토요일 오후에 그는 종이 뭉치를 몇 뭉치나 써

버리고, 6시간의 연산을 거치면서 거의 새로운 유한 단순군을 발견할 것 같은 느낌이 들었다.

흥분을 참지 못한 콘웨이는 같은 케임브리지대에 근무하는 동료이자 절친인 존 톰슨에게 전화를 걸어 자신이 새로운 산재군을 찾았다고 생각하지만, 그것의 차수가 리치 격자 동형 군 자체의 차수인지, 아니면 그것의 절반인지 확실하지 않다고 말했다. 이에 톰슨이 계산을 도왔다. 20분 뒤 톰슨이 전화를 다시 걸어와 차수의 절반일 것이라는 회신을 주었다. 더불어 '완전히 확신할 수는 없지만, 아직 알려지지 않은 대칭을 찾아야 한다'고 하였다. 콘웨이는 너무 흥분해서 그의 의견에 따라 계산을 계속했다. 밤 10시가 되었을 때, 그는 새로운 대칭을 찾을 수 있다는 확신에 톰슨에게 다시 전화를 걸어 "내가 직접 해야 하지만 나는 너무 피곤해서 자고 싶어."라고 솔직하게 말했다.

하지만 전화를 끊은 콘웨이는 잠을 이루지 못하고 계속 계산에 몰두했고, 낮 12시가 넘어서도 톰슨에게 한 차례 통화하며 상황을 주고받았다. 이후 며칠 동안 두 사람은 훗날 'Co_1 Conway group Co1' 으로 불리는 관련 계산과 증명이 완료될 때까지 호흡을 맞췄다. 결국 'Co_1'의 발견은 기본적으로 며칠 안에 완성되었다. 수학자는 잠재적인 발견에 대한 갈망의 정도가 결코 금광을 캐는 사람 못지않다.

Co_1의 원소 개수는 리치 격자의 자기동형군 원소 개수의 절반

인 4×10^{33}에 달한다. 콘웨이는 리치 격자에서 또 다른 단순군인 'Co_2'와 'Co_3'를 찾았는데, 이들은 마치 화학 분자식처럼 보이지만 사실은 모두 산재군이다.

그 후 얼마 지나지 않아 사람들은 리치 격자 및 콘웨이 군에서 다른 4개의 단군(히그만-심즈 군(Hs), Hall-Janko 군($J2$), 매클로플린 군(McL), 스즈키 군(Suz))을 관찰했다. 이 4개 군에 세 개의 콘웨이 군을 더하여 '제 2세대 산재군'이라고 한다.

여기에서 리치 격자의 높은 대칭성을 알 수 있는데, 이는 7개의 산재군을 포함하기 때문이다. 또 물리학에서 유명한 '끈 이론^{string} ^{theory}'도 리치 격자와 관련이 있다. 끈 이론에서는 공간을 '10차원' 또는 '26차원'으로 보는 설이 있다. 이 두 차원의 숫자 모두 리치 격자와 관련이 있으며, 8차원과 24차원 공간에 담긴 높은 대칭성 과도 관련이 있다(이것이 우리가 8차원과 24차원 공간의 입맞춤 수를 알 수 있는 이유이기도 하다).

마티외 군과 콘웨이 군에 관한 화제를 충분히 이야기했다. 내가 가장 흥미롭게 여기는 것은 이 군들이 간단한 조합 수학 문제, 즉 슈타이너계와 입맞춤 수 문제에서 온 것처럼 보인다는 것이다. 하지만 이런 군이 모두 산재군은 아니며, 또 다른 몇 개의 산재군이 있다. 그것은 광범위한 영역에 있어 의외로 수학에서 아주 멀리 떨어져 보이는 두 갈래를 연결시켜 준다.

뜻밖에 발견된 두 영역의 연관성

이미 다룬 내용 외에 나머지 산재군에 대한 이야기를 하려고 한다. 이 중 하나는 모든 산재군 중에서 원소가 가장 많다. 그것의 이름은 매우 매력적인데 '몬스터 군Monster group'이다.

먼저 독일의 수학자 피셔Bernd Fisher를 언급해야 한다. 그는 1950년대 후반, 20대 중반부터 군론 연구에 관심이 많았다. 1971년 35세의 나이에 유한군의 구조를 바꾸는 방법을 사용하여 3개의 새로운 산재군을 구성했다는 글을 발표하였다. 이러한 산재군은 이전에 언급된 마티외 군 M_{22}, M_{23}, M_{24}와 관련이 있으며, 마찬가지로 발견자의 이니셜을 사용하여 명명되었으니 피셔 성의 처음 두 글자가 'Fi'이기 때문에 이들을 Fi_{22}, Fi_{23}, Fi_{24}라고 부른다.

군	차수	차수의 소인수분해
Fi_{22}	64561751654400	$2^{17} \times 3^9 \times 5^2 \times 7 \times 11 \times 13$
Fi_{23}	4089470473293004800	$2^{18} \times 3^{13} \times 5^2 \times 7 \times 11 \times 13 \times 17 \times 23$
Fi_{24}	1255205709190661721292800	$2^{21} \times 3^{16} \times 5^2 \times 7^3 \times 11 \times 13 \times 17 \times 23 \times 29$

이 3개의 군은 이미 마티외 군보다 크며 그중 Fi_{24}는 당시 가장 큰 산재군이었다. 피셔는 Fi_{22}가 또 다른 '더 큰' 단순군에 포

함되어야 한다고 직감했다. 1973년 그와 그의 아내는 손계산으로 마침내 이 '더 큰' 군을 계산해냈는데, 이 군의 차수는 대략 4×10^{33}(나중에 '작은 몬스터군$^{Baby\ Monter\ group,\ 小魔群}$'으로 불렸다)에 이른다. Fi_{22}가 '더 큰' 군에 포함되었으므로 Fi_{23}, Fi_{24}는 '더 큰' 군에 포함시켜야 한다. 이때 콘웨이는 유머감각을 발휘하여, 이 3개의 잠재된 군(후자의 두 개는 예언적 존재로 당시에는 발견되지 않았다)을 '작은 몬스터 군^{小魔群}', '중간 몬스터 군^{中魔群}', '큰 몬스터 군^{大魔群}'으로 불렀다.

수학에서는 항상 뜻밖의 상황이 생기는데, '중간 몬스터 군'이 곧 존재하지 않는다는 것이 증명되었으니, 이는 바로 '큰 몬스터 군'을 확인할 필요가 있다는 의미이다. 하지만 가장 큰 난관은 너무 큰 값을 가져서, 그것의 차수는 일반적인 계산으로는 완성할 수 없다는 것이다.

다행히 콘웨이의 동료인 존 톰슨은 군의 차수를 계산하는 알고리즘을 발명하였고, 이를 이용해 군의 차수의 상한을 정할 수 있었다. 당시 휴렛^{Hewlett}은 (파이겐바움도 사용했던) HP-65라는 계산기를 출시했다.

콘웨이는 이 계산기와 톰슨의 공식을 결합하여 '큰 몬스터 군'의 차수의 가능한 최솟값을 계산했다. 이 최솟값은 나중에 최종값임이 증명되었지만, 이미 놀라울 정도로 크다.

존 톰슨

하지만 단 하나의 가능한 차수로는 '큰 몬스터 군'의 존재를 증명하기 힘들고, 수학자는 '큰 몬스터 군'의 '특성표'를 계산하기를 원했다. 행렬의 고유값과 같이, 군 특성표는 군의 기본적 성질을 대부분 부각시킨다. 그러나 이 특성표는 당시의 계산기로는 완전하게 계산할 수 없을 정도로 규모가 컸다.

수년 후, 이 표는 콘웨이의 책에 8페이지 분량을 차지했다. 여기서 짚고 넘어가야 할 사건이 있는데, 당시 케임브리지 대학의 젊은 수학자 노튼은 계산으로 이 특성표의 두 번째 행이 숫자 '196883'으로 시작될 수 있다고 설명했다.

나중에 피셔와 어떤 프로그래머가 버밍엄 대학University of Birmingham의 컴퓨터를 빌려 완전한 특성표를 계산해 냈다. 이 계산을 완성하기 위해서 컴퓨터는 매일 평균 16시간의 계산을 1년 동안 계속하였다.

문제는 아직 해결되지 않았고, '큰 몬스터 군'의 가능한 차수와 특성표가 있지만 실제로 그 군을 만들어내지 못했기 때문에 아직 존재한다고 말할 수 없었다.

앞서 우리는 모든 유한군이 치환군이라고 했다. 수학자는 '큰 몬스터 군'을 치환군을 이용한 방식으로 그려내려면 10^{20}개의 원소가 있는 집합에 치환을 정의해야 한다. 이는 계산하거나 쓰는 것이 전혀 불가능하다는 것을 발견했다. 그래서 이 군의 존재를 증명할 수 있는 새로운 방법을 고민해야 했고, 이 새로운 방법은 미시간 대학University of Michigan의 로버트 글리스Robert Griess가 찾아냈다.

이 방법은 앞의 노튼이 계산한 196883이라는 숫자를 사용했다. 노튼은 만약 '큰 몬스터 군'이 존재한다면 196884차원 공간에서 어떤 대수적 구조를 유지한다는 것을 증명했기 때문이다. 만약 이런 대수적 구조를 만들어낸다면, 이 군을 만들어내는 것과 동등하다고 생각했다. 그리스는 이런 사고를 이용하여 '큰 몬스터 군'을 만들어냈다. 1980년 글리스는 편지로 '큰 몬스터 군'의 구조를 완성했음을 알렸다. 그는 "최근 유한 단순군 G를 구성하게 되어 매우 기쁘게 생각한다. 나와 피셔가 1973년 예언한 '큰 몬스터 군' F_1과 같은 구성임에 틀림없다. 그 구조가 간결하고 명료하며 완전히 수작업으로 실현되어 나는 상당히 만족한다."고 밝혔다.

나중에 글리스는 1982년 발표한 '큰 몬스터 군'에 관한 공식 논문에서 논문의 제목을 '우호적인 거인friendly giant'으로 정했는데, 이는 '큰 몬스터 군'이 크지만 우호적이어서 우리가 손으로 계산해 내는 것을 허용한다는 의미였다. 그러나 이 이름은 그렇게 깊은 인상을 남기지는 못했다.

'큰 몬스터 군'은 크지만 우호적이라 글리스는 '우호적인 거인'이라고 불렀다.

그렇다면 '큰 몬스터 군'은 과연 얼마나 클까? 그것의 차수는 약 8×10^{53}이다. 그리고 앞서 말한 바와 같이 196883차원의 선형 공간에서 비로소 이 군의 구조를 나타낼 수 있다. '큰 몬스터 군'이 발견된 후, 사람들은 '큰 몬스터 군'에 다른 많은 산재군의 구조가 포함되어 있다는 것을 관찰했다. 사람들은 이런 '큰 몬스터 군'과 관련된 산재군을 '행복한 가족Happy family'이라고 통칭한다. 그

러나 그 산재군에 없는 것이 6개 더 있다. 이로써 26개 산재군이
모두 발견되었다.

'큰 몬스터 군'의 정확한 차수는,

$2^{46} \times 3^{20} \times 5^9 \times 7^6 \times 11^2 \times 13^3 \times 17 \times 19 \times 23 \times 29 \times 31 \times 41 \times 47 \times 59 \times 71$

= 808017424794512875886459904961710757005754368000000000

≒ 8×10^{53}

'큰 몬스터 군'은 수학자가 처음에 생각했던 것보다 훨씬 큰 의미
를 가지며 심오한 의미를 가진 군임이 증명되었다. '큰 몬스터 군'
이 아직 구축되지 않았던 1978년으로 돌아가면 영국의 수학자 존
맥케이$^{John\ Mckay}$는 영국 수학자 O. 앳킨스와 P. 스빙턴데일의 수론
논문(모형식과 타원 함수에 관한 글)을 읽었다. 앤드루 와일스가 페르
마의 대정리를 어떻게 증명했는가에 대한 콥의 글을 여러분이 읽
는다면 와일스의 증명에서 기본 도구는 '모형식'과 '타원함수'이
므로 이들은 수론과 관련된 두 명사라는 것을 알게 될 것이다.
　맥케이가 읽은 논문은 마침 모형식 이론에서 중요한 '클라인 J
함수'의 급수 전개식을 언급하고 있다.

$$j(\tau) = \frac{1}{q} + 744 + 196884q + 21493760q^2 + 864299970q^3 + 20245856256q^4 + \cdots$$

맥케이는 이 전개식의 두 번째 항의 계수가 196884라는 것을 발견했는데, 이 숫자는 바로 '큰 몬스터 군'이 존재할 수 있는 최소 공간 차원인 196883에 1을 더한 것이 아닌가! 한편, 모형식 이론은 군론과 전혀 상관없는 것 같은데, 이 상황은 단지 우연의 일치일 뿐일까?

맥케이는 이 발견을 톰슨에게 말했고, 톰슨은 이 일이 간단치 않다고 생각하여 다시 콘웨이에게 이 일을 알렸다. 콘웨이와 노튼이 계산해 확인한 결과, 결코 우연이 아니라 '큰 몬스터 군'과 모형식 사이의 필연적인 연결이었다. 이번에도 콘웨이는 장난꾸러기 본색을 드러냈고, 그는 이런 연결을 '기묘한 달빛moonshine' 이라고 표현했다. 인터넷상의 많은 사람이 이 단어를 '몬스터군 달빛monstrous moonshine'으로 번역하지만, 사실 이 명사의 첫 단어인 'monstrous'는 형용사로 '괴이하고 황당하다'는 뜻이다. 그리고 이 단어의 어근은 '몬스터monster(악마)'에서 왔기 때문에 여기에 약간 이중적인 의미가 있다. 'moonshine'이라는 단어는 콘웨이가 196883과 196884 사이의 우연의 일치에 대해 처음 들었을 때의 반응에서 유래했다고 한다. '달빛'이 너무 아름다워서 불가능할 것 같았다는 것이 콘웨이의 그 당시 느낌이었다. 달빛은 아주 먼 곳에서 오는데, 몬스터 군과 모형식의 이러한 연관성은 두 가지 아주 먼 수학 영역을 연결시켜 주는 관계이기도 하다.

달빛은 항상 사람들에게 이렇게 아름답고 진실하며 환상의 느낌을 준다.

그래서 콘웨이가 'monstrous moonshine'이라는 단어를 발명했고 이를 직역하여 '기묘한 달빛'이 된 것이다. 만약 우리가 이중적인 의미를 유지하고 싶다면, 그것을 '마성의 달빛'으로 부를 수도 있을 것이다. 어찌 되었든 간에, 후에 수학자는 '기묘한 달빛' 이론을 발전시켜 몬스터 군이 수학과 물리 중의 모든 방면과 모두 연관되어 있음을 증명하였다.

다음은 몇 가지 간단한 몬스터 군들과 다른 대상들의 연결고리에 대한 것이다.

첫째, 몬스터 군과 소수의 연결이다. 만약 당신이 몬스터 군의 그 거대한 차수를 인수 분해한다면, 31과 31 이전의 모든 소수부터 41, 47, 59, 71이라는 몇 가지 소인수가 있다는 것을 알게 될 것이다. 이 15개의 소수를 현재 '초특이소수$^{super\ singular\ primes}$'라고 한다. 초특이소수는 타원 곡선 이론에서 매우 특별한 성질을 가지고 있다.

모든 초특이소수는 15개이다.

2, 3, 5, 7, 11, 13, 17, 19, 23, 29, 31, 41, 47, 59, 71

둘째, 몬스터 군의 성질을 나타내는 표이다. 이 표에는 172개의 급수가 포함되어 있다. 수학자들은 이 172개 급수에 몇 개의 선형 상관 그룹이 포함되어 있음을 발견했으며, 대략 10개 미만으로 보이는데 이는 급수의 수를 단순화할 수 있음을 의미한다. 선형 상관 관계가 있는 이상, 이는 일부 급수를 알고 있다는 것을 의미하며, 선형 조합을 통해 다른 급수를 이끌어낼 수 있다.

172개의 급수에서 10개 미만의 선형 관련 급수를 빼면 160개 이상의 급수가 남아 있어야 한다. 콘웨이는 이 부분을 다른 사람들과 함께 계산하던 당시를 회상하며 '과연 160여 개가 남았는지 맞춰보자'고 말했다.

여러분은 몇 개의 숫자를 맞힐지도 모른다. 앞에서 다룬 헤그너 수에 대한 내용을 기억한다면, 160부터 169까지의 수 중, 확실히 특이한 숫자가 있다는 것을 떠올리게 될 것이다. 그것은 바로 163(가장 큰 헤그너 수)이다. 최종 계산 결과는 172개 급수를 163개 급수로 단순화할 수 있는 이 결과를 검증한다. 이는 몬스터 군 속에 담긴 정보가 풍부하고, 다른 분야의 일부 수학 내용과 무심코 엮인다는 것을 보여준다.

몬스터 군과 관련된 가장 놀라운 점은 끈 이론과 양자물리와도 연결되어 있다는 점이다. 2012년에 어떤 사람이 발표한 논문에는 '기묘한 달빛'외에도 23종의 '달빛'이 더 있는데, 이는 각각 고차원의 군과 앞서 언급한 J함수의 계수 사이의 연관성을 나타낸다고 주장한다. 그리고 각각의 달빛은 끈 이론의 고차원 곡면인 K3 곡면과 얽혀 있는 것으로 보인다.

4차원의 K3 곡면

우리는 물리학이 대통일 이론을 추구한다는 것을 안다. 대통일 이론의 목표는 단순함이다. 간결하려면 대칭성을 찾고, 대칭성을 찾으려면 군을 찾아야 한다. '어두운 그림자 달빛 추측'에 관해서 나는 세부 사항을 설명할 능력이 없다. 최신 뉴스는 2015년에 이미 누군가가 이 추측을 증명했기 때문에, 그것은 정확한 수학 이론에 의해 증명되었다는 것이다. 그리고 그중 하나의 '달빛'인 '마티외 달빛'은 물리학자에 의해 최초로 발견되었다.

요컨대 당신이 이론물리학자가 되고 싶다면 군론은 반드시 필요한 지식이다. 콘웨이는 2014년 한 인터뷰에서 "내가 살아 있는 동안 가장 알고 싶었던 수학적인 질문 중 하나는 '우주에 왜 몬스터 군이라는 것이 있을까? 그것은 우주의 근원과 관련이 있을까?'이다."라고 하였다.

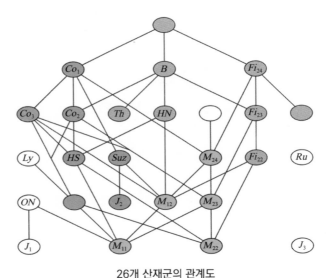

26개 산재군의 관계도

콘웨이는 모든 산재군에 우주의 기본적 성격의 근원이 숨어 있다는 느낌을 가졌는데, 그는 그 오묘함에 대해 매우 알고 싶었다. 단순군 속에 흩어져 있는 우주 깊은 곳의 비밀이 숨겨져 있을지도 모른다는 생각이 들게 한다.

수학자가 이미 모든 유한 단순군의 분류 작업을 마쳤기 때문에 사전을 찾듯이 모든 유한 단군을 조회할 수 있다. 어떤 수학 연구자는 화학 원소 주기율표의 형식에 따라, '유한 단순군 주기표'를 만들기도 하였다. 이 표의 흥미로운 점은 화학원소주기율표의 형식에 따라서 유한군의 '차수'를 원자량으로 시뮬레이션하고 차수의 크기에 따라 순서를 매긴 후, 다시 같은 종류의 성질의 군을 모두 같은 열에 두는 것인데, 이것도 화학원소주기율표와 매우 비슷하다. 가장 묘한 것은 26개의 단순군이 두 줄로 나뉘어 표의 바깥쪽에 따로 나열되어 있는데, 원소 주기율표에 별도로 열거된 '란타넘족', '악티늄족'과 유사하다.

유한 단순군에 관한 이야기는 여기까지다. 여러분이 유한 단순군 분류 정리의 웅대함을 느꼈는지 모르겠다. 26개의 산재군의 발견과 그 뒷이야기도 수학사의 한 페이지를 장식한다.

책 속에 등장하는 사고 문제의
풀이 과정과 해답

이 책에서 언급한 몇 가지 사고 문제의 해결 아이디어와 답을 간략하게 제시하였다. 어떤 문제들은 열린 문제 또는 아직 확실한 답이 없기 때문에 참고할 수 있도록 약간의 아이디어만 제공한다.

제1장 만물은 수이다

고사성어를 수학으로 해석할 수 있을까? 〈48쪽 문제〉

[Q] 어떤 검사에 대한 가짜 양성일 확률이 91.7%일 때, 3회 검사 모두 가짜 양성일 확률은 얼마나 될까?

[A] 3회 모두 가짜 양성일 확률은 $91.7^3 ≒ 77\%$이다. 이때 가짜 양성일 확률이 여전히 높지만 다행히 실제 검사에서 정확도는 그렇게 나쁘지 않다.

[Q] 실제 바이러스 감염률이 80%에 달하고 어떤 검사에서 양성으로 나왔을 때 실제로 바이러스에 감염될 확률은 얼마나 될까?

[A] $\dfrac{0.9 \times 0.8}{0.8 \times 0.9 + 0.2 \times 0.1} ≒ 97.2\%$ 즉, 가짜 양성일 확률은 2.8%이다.

가장 효율적인 언어? 〈66쪽 문제〉

[Q] 압축 소프트웨어로 서로 다른 언어의 오디오를 압축하면 압축률의 크기는 어떻게 될까?

[A] 개방적인 문제이지만, 실제로 누군가가 언어의 음성 정보의 엔트로피를 비교했다. 결론은 '서로 다른 언어의 음성 출력 효

율은 비교적 비슷하다'이다. 어떤 언어는 장황하게 들리지만, 일본어처럼 말의 속도를 빠르게 할 수 있다. 반면 어떤 언어는 간결하게 들리지만, 중국어처럼 말의 속도는 늦을 수밖에 없다. 흥미로운 더 많은 결론이 나오기를 기대한다.

'확실'에서 '불확실성' 〈97쪽 문제〉

[Q] 만약 당신이 균일한 동전을 가지고 있다면 어떻게 이 동전으로 3명이 동전 던지기 게임을 할 수 있을까?

[A] 갑, 을, 병이 두 번 연속 동전을 던진다고 할 때, 앞면이 두 번 나오면 갑이 이기고, 뒷면이 두 번 나오면 을이 이기고, 첫 번째가 앞면이고 두 번째가 뒷면이 나오면 병이 이긴다. 만약 첫 번째에 뒷면, 두 번째에 앞면인 상황이 발생하면 게임이 다시 시작된다.

[Q] 만약 당신이 불균일한 동전을 가지고 있다면, 어떻게 이 동전으로 2명이 공평하게 동전 던지기 놀이를 할 수 있을까?

[A] 폰 노이만이 냈던 재미있는 퍼즐이다. 갑, 을이 두 번 연속 동전을 던진다고 할 때, (앞면, 뒷면)이면 갑이 이기고, (뒷면, 앞면)이면 을이 이긴다. 만약 (앞면, 앞면) 또는 (뒷면, 뒷면)의 결과가 나오면 게임이 다시 시작된다.

제2장 은밀하고 위대한 숫자

흥미로운 숫자 163 〈119쪽 문제〉

[Q] $D = -3$일 때 $h(-3) = 1$이므로, $Q(-3)$의 인수분해는 유일하다. 그런데 $4 = 2 \times 2 = (1 + \sqrt{-3})(1 - \sqrt{-3})$이다. 무엇이 문제일까?

[A] 2는 $Q(-3)$에서 소수가 아니기 때문에 분해될 수 있다.

$-3 = 1 \pmod 4$이므로 $Q(-3)$에서의 정수 형식은,

$a + b\left(\dfrac{1 + \sqrt{-3}}{2} \right)$이다.

2는 계속해서 $2 = \dfrac{1 + \sqrt{-3}}{2}(1 - \sqrt{-3})$ 로 분해될 수 있으며,

4의 최종 분해 형식은 $4 = \left(\dfrac{1 + \sqrt{-3}}{2} \right)^2 (1 - \sqrt{-3})^2$이다.

왜 수직선은 연속일까? 〈130쪽 문제〉

[Q] 어떻게 좌집합의 개념으로 실수의 뺄셈을 정의할까?

[A] 뺄셈은 다음과 같이 정의된다.

$A - B = \{ a - b \mid a \in A$이고 $b \in (Q \setminus B) \}$

기호 '$\setminus$'는 여집합의 의미이고 $Q \setminus B$는 전체집합에서 B에 속하지 않는 유리수 집합을 표시한다.

$-B = \{a - b \mid a < 0$이고 $b \in (Q \setminus B)\}$

곱셈의 정의는 다음과 같다.

A와 B가 모두 0보다 클 때,

$A \times B = \{a \times b \mid a \geq 0$이고 $a \in A$이고 $b \geq 0$이고 $b \in B\} \cup \{x \in Q \mid x < 0\}$

A나 B에 음수가 있을 때

$A \times B = -\{A \times (-B)\} = -\{(-A) \times B\} = (-A) \times (-B)$

나눗셈의 정의는 더 복잡하여 여러분이 생각을 계속하도록 남겨두겠다.

정수와 정수는 거의 비슷하다? 〈146쪽 문제〉

[Q] 가우스 정수에 (일반화된) 피타고라스 수를 만드는 공식이 있을까?

[A] 있다. 예를 들어, a, b가 모두 가우스 정수라면 다음과 같은 세 개의 가우스 정수가 피타고라스 수가 된다.

$$\frac{a^2 + b^2}{2}, \ \frac{a^2 - b^2}{2i}, \ ab$$

예를 들어, $a=1+2i$, $b=1-2i$일 때 (3, 4, 5), $a=3+2i$, $b=3-2i$일 때 (5, 12, 13), $a=2+i$, $b=3-2i$일 때 (4-4i, 8+i, 8-i) 가 확인된다.

제3장 피할 수 없는 대칭 문제

대자연의 선물 〈195쪽 문제〉

[Q] n개의 점을 가지는 그래프에서 n과 점의 차수 k가 어떤 성질을 만족시킬 때 정규 그래프를 구성할 수 있을까?

[A] $n \geq k+1$에 대해서 n이 짝수이거나 k가 짝수인 경우에만 정규 그래프를 구성할 수 있다.

필요성 : 정규 그래프에서 변의 총수는 $\dfrac{nk}{2}$이고, 이 수는 정수 이므로 nk는 짝수이다.

충분성 : n개의 점으로 구성된 '환 그래프'를 통해 생각할 수 있으며, 구체적인 세부 사항은 여러분의 생각에 맡긴다.

[Q] x가 얼마일 때, (99, x, 1, 2)의 정규 그래프가 존재할까?

[A] 본문에서 언급한 공식 $k(k-1-\lambda)=\mu(v-1-k)$에 따르면, $x(x-1-1)=2(99-1-x)$를 만족하는 양의 정수 x가 14인 것을 구할 수 있다. 그러나 수학자들은 지금까지 (99, 14, 1, 2)-강한 정

규 그래프의 존재를 입증하지 못했다.

세 사람이 길을 가면 반드시 순열 조합 문제가 있다 〈206쪽 문제〉

[Q] 21명의 여학생이 있다. 각각 3명, 7명으로 팀을 짜서 다니는데 숫자로만 분석하면 BIBD 설계 문제를 찾아낼 수 있을까? 더 나아가 커크먼 산책 설계가 존재할까?

[A] BIBD 설계 문제가 존재하는 필요조건은 총 인원을 6으로 나눈 나머지가 1 또는 3이다. 21을 6으로 나눈 나머지가 3이므로 이 조건에 부합한다.

커크먼 산책 설계의 경우 3명이 한 팀이 되면 매일 2명씩 같은 팀이 될 수 있으며, 이론적으로 10일 후 모든 사람이 '아는' 것이 가능하다. 때문에 (70, 21, 10, 3, 1) 산책 설계가 존재하며 구체적인 방안은 독자 스스로 찾도록 남겨두겠다.

만약 7명이 한 팀이 되어 하루에 6명을 '아는' 경우, 며칠 후 20명을 알 수는 없다. 그래서 7명씩 팀을 이룬 커크먼 산책 설계는 존재하지 않는다.

[Q] n이 소수인 경우 간단한 방법으로 $(n^2, n, 1)$ 설계를 만들 수 있다. $(5^2, 5, 1)$ 설계를 구성해 보자.

[A] 이 설계의 결과는 다음과 같다.

[1, 2, 3, 4, 5], [6, 7, 8, 9, 10], [11, 12, 13, 14, 15], [16, 17, 18, 19, 20], [21, 22, 23, 24, 25]

[1, 6, 11, 16, 21], [2, 7, 12, 17, 22], [3, 8, 13, 18, 23], [4, 9, 14, 19, 24], [5, 10, 15, 20, 25]

[1, 7, 13, 19, 25], [2, 8, 14, 20, 21], [3, 9, 15, 16, 22], [4, 10, 11, 17, 23], [5, 6, 12, 18, 24]

[1, 8, 15, 17, 24], [2, 9, 11, 18, 25], [3, 10, 12, 19, 21], [4, 6, 13, 20, 22], [5, 7, 14, 16, 23]

[1, 9, 12, 20, 23], [2, 10, 13, 16, 24], [3, 6, 14, 17, 25], [4, 7, 15, 18, 21], [5, 8, 11, 19, 22]

[1, 10, 14, 18, 22], [2, 6, 15, 19, 23], [3, 7, 11, 20, 24], [4, 8, 12, 16, 25], [5, 9, 13, 17, 21]

매듭을 수학적으로 연구하는 법 〈225쪽 문제〉

[Q] 할머니 매듭 또는 평매듭의 알렉산더 다항식을 계산하시오.

[A] 책 속의 절차에 따라 이 두 매듭의 알렉산더 다항식을 계산할 수 있다.

$$\left(t - 1 + \frac{1}{t}\right)^2$$

이것은 알렉산더 다항식이 할머니 매듭과 평매듭을 구별할 수 없다는 것을 말해준다.

존스 다항식은 그것들을 구별할 수 있다.

제4장 누구든지 수학의 '에베레스트'에 오를 수 있다

수학자의 종이 컴퓨터 〈246쪽 문제〉

[Q] (1) $3x + 4y = 100$

(2) $x^2 + y^2 = 125$

위 방정식 (1), (2)는 양의 정수해를 가질까?

[A] 양의 정수해가 존재한다.

(1) $3 \times 12 + 4 \times 16 = 100$

(2) $11^2 + 2^2 = 10^2 + 5^2 = 125$

알고리즘 이론의 왕관 〈290쪽 문제〉

[Q] 본문에 나오는 지도는 3가지 색으로 색칠할 수 있을까?

[A] 1, 2, 3은 3가지 다른 색을 나타낸다고 하자. 그림의 중간 영역에는 1을, 왼쪽 아래에는 2를 표시한다. 그러면 그림에서 다른 영역은 그 안의 숫자가 유일하게 결정되어 조정이 불가능함을

알 수 있고 '?' 영역을 색칠한 후 1, 2 또는 3을 쓰면 충돌이 생긴다. 이 문제에서 알 수 있듯이, 지도가 3가지 색으로 색칠될 수 있는지 여부를 결정하는 것은 어려운 일이다.

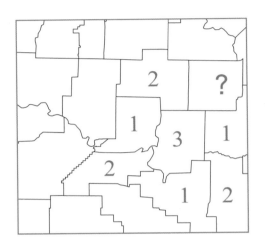

[Q] 다음 정수 중 몇 개의 숫자의 합이 0인 경우가 있을까?

91, 74, -2, -86, 75, 21, 50, -88, -22, 26, -27, -16, -5, -89, -30, -4, 85, 12, 73, -29

[A] 있다. 예를 들어 91+74+(-88)+12=0이다. 하지만 이것이 유일한 해답일까? 각자 더 확인해 보길 바란다.

[Q] 생활 속에서 답을 검증하기는 쉽지만 찾기는 쉽지 않은 경우를 나열해 보자.

[A] 어떤 핸드폰의 잠금 해제 비밀번호 등 그 예는 매우 많다. 우리는 어떤 비밀번호가 맞는지 아주 쉽게 검증할 수 있지만, 누군가의 비밀번호를 알아내는 것은 매우 어렵다.

복잡도 동물원 속의 마트료시카 〈303쪽 문제〉

[Q] 본문의 극소-극대 그림에서 왼쪽 아니면 오른쪽, 어느 쪽의 나무를 선택해야 할까?

[A] 오른쪽 나무를 선택하고, 그 후 양쪽이 올바르게 움직이면 맨 아래 오른쪽에서 왼쪽으로 세 번째 ④의 상태로 들어가야 한다.

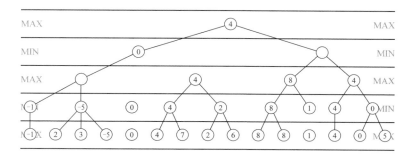

[Q] 어떻게 다항 공간 문제를 지수 시간 문제로 해석할 수 있을까?

[A] 만약 다항 공간의 문제라면 하나의 프로그램이 존재하여

문제의 모든 가능한 답을 저장 공간에 쓸 수 있고, 필요한 공간은 문제의 규모에 따라 다항식 규모로 증가하며, 모든 가능한 답을 스캔하여 문제를 풀 수 있다. 만약 공간 수요의 증가 정도가 $O(p(n))$이고, 그중 $p(n)$이 n에 대한 어떤 다항식이라면, 디스크 상의 상태 조합의 증가 정도는 최대 $2^{O(p(n))}$이므로 그것들을 완전히 스캔하는 데 걸리는 시간은 최대 지수 시간이다.

후기

'수학의 빅플레이어' 존 콘웨이^{John Conway}를 기념하며

 2020년 초부터 시작된 COVID-19 팬데믹은 전 세계인의 삶에 영향을 미칠 수밖에 없었고, 수학계도 피할 수 없었다. 영국 수학자 존 호턴 콘웨이^{John Horton Conway}(1937~2020)는 2020년 4월 11일 COVID-19 감염으로 미국 뉴저지주 프린스턴대 인근 자택에서 82세를 일기로 별세했다.

내 책을 읽은 독자들은 내가 콘웨이의 이름을 거론한 것을 이미 수없이 들었을 것이다. 나는 수학 팟캐스트를 시작한 이후로 수학 관련 도서를 더 많이 찾아 읽었다. 내가 접한 글에서 가장 많이 등장한 20세기 이후의 수학자를 꼽자면 1위는 에어디쉬^{Paul Erdos}(1913~1996), 2위는 콘웨이로 1, 2위는 3위보다 훨씬 앞섰다.

이런 이유로 나는 이 책에 콘웨이를 기념하고 싶었다. 콘웨이는 대수학자임이 틀림없지만, 더욱 칭송할 만한 것은 콘웨이가 전무후무한 수학 과학 보급 달인이라는 것이다. 그는 각종 심오한 수학 이론을 재미있는 수학 게임으로 구성하여 일반인들도 그

원리를 한두 가지를 알 수 있도록 하는 데 매우 능했다. 그가 명명한 '몬스터 군Monster group', '15 정리' 등의 명칭에서도 그의 특성을 알 수 있다.

1970년대 콘웨이는 미국의 유명 과학 작가 마틴 가드너와 협업해 '스프라우츠Sprouts', '하켄부시Hackenbush', '천사와 악마 게임Angels and devils game' 등 다수의 게임을 「사이언티픽 아메리칸」지에 발표했다. 이 게임들은 가드너의 칼럼을 통해 널리 알려지게 되었고, 많은 사람이 게임을 즐기게 되었다. 콘웨이는 20세기 수학자 중에서도 인플루언서라고 할 수 있다.

콘웨이의 수학에 대한 기발하고 다양한 아이디어 중에서 '둠스데이 알고리즘Doomsday algorithm'을 소개하고 싶다. 이것은 임의의 날짜에 해당하는 요일을 계산하는 알고리즘으로 콘웨이의 교묘한 사고와 유머 감각을 확인할 수 있다.

'둠스데이 알고리즘Doomsday algorithm' 기본 원리 : 어느 달, 어느 날이 무슨 요일인지 알았을 때, 그 달의 다른 어떤 날이 무슨 요일인지 추측하는 것은 매우 쉬울 것이다. 예를 들어, 2021년 5월 21일이 금요일인 것으로 알고 있다면, 21±7일의 날 즉, 5월 28일, 5월 14일이 모두 금요일인 것을 알 수 있다. 그리고 다른 날을 계산하려면 '가까운' 날짜를 추측해 보면 된다.

예를 들어, 5월 31일이 무슨 요일인지 알고 싶다면, 5월 28일은 금요일, 31일은 28일에서 3일 이후이므로 31일은 28일에서 3일 (토, 일, 월)째 되는 날로 월요일이다.

다시 5월 1일이 무슨 요일인지 계산해 보자. 5월 21일은 금요 일이고 21-7-7-7=0이므로 5월 0일은 금요일이다. 즉, 5월 1일은 토요일이다.

위와 같은 기본 원리를 이용하여 우리는 1년의 어느 달 어느 날이 무슨 요일인지 빨리 알 수 있다면 그 해의 어느 날이 무슨 요일인지도 빠르게 계산할 수 있다.

1년 12개월 중 2월이 가장 특이하고 일수가 가변적인데, 콘 웨이는 2월의 마지막 날을 2월의 특별한 날로 삼아 '둠스데이 Doomsday'라고 불렀다. 둠스데이Doomsday는 원래 '마지막 날'이라는 뜻이지만, 나는 여기서 '결재일'이라는 표현으로 대신할 것이다. 그 이유는 확실히 결재 역할을 하기 때문이다.

이제 우리는 2월 마지막 날의 요일과 같이 기억하기 쉬운 날을 어느 달의 '결재일'로 생각하려고 한다.

짝수 달 : 4월 4일, 6월 6일, 8월 8일, 10월 10일, 12월 12일은 기억하기 매우 쉽다.

홀수 달 : 1월의 마지막 날 (1월 31일, 윤년은 '1월 32일'), 3월 7일, 5월 9일, 9월 5일, 7월 11일, 11월 7일. 이 날짜를 '매년 1, 2월의 마지막 날과 여성의 날 전날, 아침 9시에 출근해서 저녁 5시에 퇴

근하였는데 세븐일레븐에서 아르바이트를 했다'로 기억했다.

위 날짜(2월 마지막 날 포함)를 '결재일'이라고 부르며, 어느 해이든 요일이 동일한 것이 특징이다(핸드폰 달력으로 확인해 보자). 2023년의 결재일은 화요일이다.

그렇다면 2023년의 9월 10일이 무슨 요일인지 추산하는 것은 매우 쉽다. '아침 9시에 출근해서 저녁 5시에 퇴근'에 의해 9월 5일이 결재일이고 화요일임을 알 수 있다. 9월 10일은 5일 이후 다섯 번째 날이므로 수, 목, 금, 토, 일에서 일요일이다.

이상으로 2023년 모든 날에 대한 요일 암산 방법을 알아보았다. 20세기와 21세기의 다른 해를 계산하려면 추가적인 계산이 필요하다. 기본적인 생각은 종전과 유사하게 어느 기초연도의 결재일을 먼저 외운 후 목표연도와 기초연도의 '편차량'을 계산하여 목표연도의 결재일이 무슨 요일인지 구한다. 기초연도는 매 세기의 첫해이므로, 먼저 1900년과 2000년의 결재일의 요일을 외운다.

- 1900년의 결재일은 수요일이다. 2000년의 결재일은 화요일이다.
- 목표 연도의 '편차량'을 계산한다.

여기서 나는 두 개의 알고리즘을 소개하려고 한다.

콘웨이의 오리지널 알고리즘

1. 연도 뒤의 두 자리를 취한다(예: 2022년이면 '22').

2. 취한 수를 12로 나누어 몫과 나머지를 구한다(22÷12=1, 나머지 10).

3. 나머지를 4로 나눈 몫을 구한다(나머지는 무시, 10÷4의 몫은 2).

4. 위의 3개를 더하면 '편차량'(1+10+2=13)이다.

5. (편차량+기준연도)를 7로 나누면 즉 13+2=15이므로 15÷7의 나머지는 1이다. 따라서 2022년 결재일은 월요일이다.

2010년에는 개선된 '홀수+11 알고리즘'이 제안되어 암산이 더 편리해졌다. 이 알고리즘은 다음과 같다.

1. 연도 뒤의 두 자리를 취한다(예: 2023년이면 '23').

2. 이 숫자가 홀수인지 아닌지를 판단하여 홀수이면 11을 더한다 (23+11=34).

3. 숫자를 2로 나눈다(34÷2=17).

4. 이 숫자가 홀수인지 아닌지를 판단하여 홀수이면 11을 더한다 (17+11=28).

5. 숫자를 7로 나눈 나머지를 구한다(28을 7로 나머지는 0).

6. 7에서 이 숫자를 빼면 편차량이 된다(7-0=7).

7. (편차량+기준연도)를 7로 나누면 즉 7+2=9이므로 9÷7의 나머지는 2이다. 따라서 2023년의 결재일은 화요일이다.

마지막으로 두 가지 예를 보자.

[예1] 베이징 올림픽은 2008년 8월 8일에 개막하였는데, 이 날은 무슨 요일일까?

콘웨이 알고리즘 : 8÷12의 몫은 0, 나머지는 8, 8÷4의 몫은 2이므로 편차량은 0+8+2=10이다. 2000년의 결재일은 화요일이므로 2008년의 결재일은 2+10=12, 12÷7의 나머지는 5, 금요일이다. 8월 8일이 마침 결재일이기 때문에 2008년 8월 8일은 금요일이다.

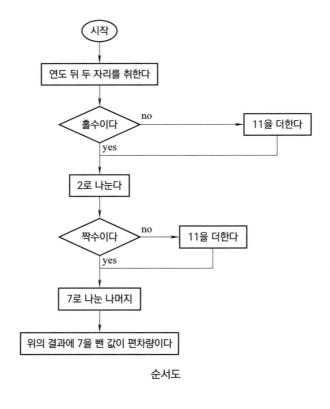

순서도

[예2] 2024년 1월 1일은 무슨 요일일까?

'홀수+11 알고리즘' : 24는 짝수이므로 24÷2=12, 12를 7로 나눈 나머지는 5이다. 편차량은 7-5=2이다. 따라서 2024년의 결재일은 2+2=목요일이다.

2024년은 윤년이므로 1월의 결재일은 1월 32일이다. 1월 (32-28)일=1월 4일로 목요일이다. 1월 1일은 1월 4일의 앞 3일이므로 1월 1일은 4-3=1이므로 월요일이다.

이 알고리즘이 여러분의 마음에 들었으면 좋겠다. 다음에 내가 여러분을 만날 기회가 있다면 여러분의 생일은 무슨 요일인지 꼭 물어보고 싶다. 또한 이 알고리즘에서 수학자 콘웨이의 기발한 아이디어를 알아낼 수 있기를 바란다.

수학의 매력

펴낸날 2024년 1월 10일 1판 1쇄

지은이 리여우화
옮긴이 김지혜
그림 야오화
펴낸이 김영선
편집주간 이교숙
교정·교열 정아영, 나지원, 이라야
경영지원 최은정
디자인 박유진·현애정
마케팅 조명구

발행처 (주)다빈치하우스-미디어숲
주소 경기도 고양시 덕양구 청초로66 덕은리버워크 B동 2007~2009호
전화 (02) 323-7234
팩스 (02) 323-0253
홈페이지 www.mfbook.co.kr
출판등록번호 제 2-2767호

값 24,000원
ISBN 979-11-5874-208-9(03410)